걱정걱정 ㄲ
하지마

딸바보가
그랬어
아이를잘
키운다는것

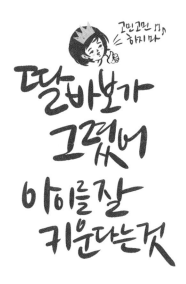

딸바보가 그랬어
아이를잘 키운다는것

김진형 · 이현주 문고
신동원 답하다

RHK
알에이치코리아

오늘도 저는 고민합니다.

수영을 배우기 싫다는 아이를 그만하라고 할지

아니면 끈기를 기를 수 있도록 힘들어도 계속 하라고 할지.

아이의 자율성을 존중해줘야 하는 건지. 아직 멋모르는 아이를 이끌어줘야 하는 건지.

분명 얼마 전까지 다른 고민을 하고 있었습니다.

그리고 그 고민이 해결되자 이렇게 다른 고민이 찾아옵니다.

아이를 키운다는 건 정말 끝없는 고민의 연속입니다.

모유를 언제까지 먹이는 게 좋은 건지

퇴근 후에 놀아달라는 아이를 재워야 하는 건지 더 놀아줘야 하는 건지

유치원을 언제부터 다니게 하는 게 좋은 건지, 친구는 어떻게 만들어줘야 하는 건지

떼를 쓰면 혼내야 하는 건지. 들어주고 받아주는 게 맞는 건지.

무조건적인 사랑이 버릇 없는 아이를 만드는 것 같기도 했고,

지나친 훈육이 아이와 저를 멀어지게 만드는 것 같기도 했습니다.

조금 성장했다 싶으면… 조금 나아졌다 싶으면 늘 새롭게 문제가 찾아왔습니다.

그때마다 우리는 머리를 싸매고 고민했죠. 불면의 밤들이 이어지기도 했습니다.

내 아이를 가장 잘 안다고 생각했고, 또 나만의 원칙도 있다고 생각했지만

아이는 끊임없이 달라졌고 그때마다 엄마, 아빠로서 해야 할 일들도

계속 달라지더군요.

아이는 클수록 자기만의 영역이 생겨났고, 그걸 어디까지 존중해줘야 할지

미적분보다 어려웠습니다.

그래서 이런 이야기들을 그리기 시작했습니다.
또래 아이를 키우는 부모들과의 대화를 통해 많은 도움을 받기도 했지만
전문가의 의견이 궁금했습니다. 그런 우리들의 질문에 정성껏 대답해주시는
신동원 선생님을 만난 건 큰 행운이었습니다. 선생님의 따뜻한 처방들이
땀나는 고민의 순간 중에 시원한 산들바람이 되어주었습니다.
좋은 부모가 되고 싶다는 건 우리 모두의 바람일 겁니다.
아이를 잘 키우고 싶은 것도 우리 모두의 바람이겠죠.

처음 맞이하는 부모노릇.
이 하나만큼은 인생에서 다가오는 수많은 과제들 사이에서 실수하지 않고
완벽하게 해내고 싶었습니다. 하지만 인정해야 했습니다.
아이를 잘 키운다는 것은 참 힘든 일이라는 것을….
우리는 가장 보통의 부모이고, 여전히 서툴고 부족하다는 것을.
우리의 작음을 인정하고 손을 내밀 때 오히려 많은 것이 쉬워졌습니다.
오늘도 우리처럼 고민하고 고민할 보통의 부모들을 위해 이 책을 완성했습니다.
이 책이 엄마 아빠들의 고민을 조금이라도 풀어주고, 부모의 무게를
가벼이 해줄 수 있기를 간절히 바랍니다.

솔이 엄마와 아빠

저는 올해로 25년째 진료실에서 부모들을 만나며 수없이 많은 고민들을 듣고
그 해결책을 모색해왔습니다. 그러면서 두 가지 중요한 사실을 깨달았습니다.
첫째는 부모의 고민과 걱정은 아이를 잘 키우기 위해 꼭 필요한 과정이라는
것입니다. 아이가 울면 '왜 울지? 뭐가 불편한가? 내가 잘못했나?
달래야 하나 말아야 하나?' 등 셀 수 없이 많은 의문과 고민이 떠오릅니다.
이런 의문과 고민이 있어야 해결책도 나옵니다.
우는 아이를 앞에 두고 부모가 걱정이나 고민이 없이 그냥 둔다면
아이는 계속 울고 있겠지요. 아이를 키우며 걱정이나 고민이 있다면
그건 좋은 부모가 되기 위한 첫 번째 단추를 잘 끼웠다는 신호입니다.
둘째로 깨달은 건 고민에 대한 해결책을 찾았다면 실천으로 이어져야
한다는 것입니다. 걱정과 고민만으로 아이를 잘 키울 수는 없습니다.
그건 해결책을 찾기 위한 시작일 뿐이지요.
그런데 고민하다 보면 좋은 해결책이 떠오를 수도 있지만 때로는 해결책을
찾기가 어려울 수도 있습니다. 그래서 부모는 잘못된 방법을 택하거나
시기를 놓쳐서 아이에게 문제가 생기는 경우도 있습니다. 그런 모습을 볼 때면
안타까운 마음이 든 적이 많았습니다. 그래서 부모들의 걱정과 고민을 덜어주고,
부모들이 더 쉽게 올바른 방법을 찾도록 도울 수 없을까 고민했었습니다.

때마침 《딸바보가 그렸어, 아이를 잘 키운다는 것》의 마음 처방전을
써달라는 제안을 받았습니다. 저는 흔쾌히 승낙했고 이후 2년 가까이 함께
작업을 했습니다. 부모들이 자주 걱정하고 고민하는 아이들의 행동에 대해 함께
리스트를 작성했습니다. 같은 행동이어도 아이의 발달 시기에 따라
처방이 크게 달라질 수 있기 때문에 부모들이 고민하는 문제 행동들을 나이에 따라
세심하게 사례로 정리했습니다. 그리고 마음 처방전에는 막연히 좋은 이야기보다
당장 활용할 수 있는 실용적인 방법들을 담고자 노력했습니다.
그 방법들은 25년의 실전에서 쌓아온 경험과 고민의 산물입니다.
책을 읽으며 마음 처방전의 내용들을 바로 사용하실 수 있었으면 좋겠습니다.
모쪼록 이 책이 부모의 걱정과 고민을 덜고 아이를 더 잘 키우기 위한
올곧은 지침이 되기를 희망합니다.

강북삼성병원 소아정신과 전문의 신동원

Contents

아이의 태도

- 1장 -

아이의
사회성

{ 내 거라는 집착 }

친구가 놀러온 24개월의 어느 날

친구가 장난감을 집으려 해도

물을 마시려 해도

과자를 먹으려 해도

엄마한테 가까이 가도

으아아앙~

엄마~

결국 친구는

괜.. 괜찮아요...
우리애도 그래요...

죄송해요...

ㄷ민망

가버리고 말았습니다.

그러면 친구들 놀러 안 와
이거 항상 가지고 노는 건데...
친구가 잠깐 가지고 놀면 어때...
같이 놀면 더 재밌는 거야...

설득도 안 되고
혼내도 안 먹히고...

자기밖에 모르는
아이로 크면 어떡하지...

아...   혼자라서
        그런가...

딸바보가
물었어

24개월 아이.

내 것에 대한 아이의 집착.

설득도 안 되고, 혼내도 안 먹히고

어떻게 해야 할까요?

아이가 내 개만 고집하여 친구와 부딪힐 때는
상황을 수습하는 데만 급급하지 말고,
사이좋게 지내는 법을 가르치는 기회로 삼으세요.

어른도 자기 물건에 손 대면 싫어합니다

어른이어도 내 거를 남이 쓰면 속상합니다. 하물며 아이는 더 하겠지요.

24개월 무렵이면 아이에게는 자아 개념이 생기기 시작합니다. 그동안은 나와 너를 구분하지 못했지만 이제는 타인과 다른 '나'를 구분할 수 있게 됩니다. 아이에게는 놀라운 발견인 셈이지요. 그러면서 모든 물건에도 소유를 구분하고 싶어 합니다. 그래서 나의 영역을 침범하려는 타인에게 일일이 내 것을 알려주기 시작합니다.

아이에게 '내 거'의 개념이 생긴 거예요

이제 막 '내 거'라는 개념이 생긴 아이에겐 세상이 '내 거'입니다. '우리 것'의 개념이 아직 생기지 않아 무엇이든 내 거라고 주장합니다. 하지만 어른들은 알고 있습니다. 내 거보다 우리 것이 더 많다는 것을요. 차가 다니는 길, 기차역, 수도꼭지를 틀면 나오는 물, 이런 것들은 다른 사람과 나눠 사용하는 것입니다.

내 것만 중요하던 아이의 마음이 양보와 나눔을 아는 어른처럼 자라는 것은 하루아침에 되는 것이 아닙니다. 하지만 어른들이 열심히 가르치면 아이들은 조금씩 성장합니다.

집에 놀러 온 친구가 내 장난감을 만지면 아이들은 당연히 싫어합니다. 어릴수록 못 참지요. 어릴 때는 다른 무엇보다 내 것이 소중하기 때문입니다. 그러나 커가면서 관계의 소중함을 알게 되고, 양보하지 않으면 관계도 없다는 것을 알게 됩니다. 양보하고 나눌 줄 알아야 친구가 계속 내 곁에서 같이 놀아준다는 것을 알게 되죠. 양보하지 않아 친구가 함께 놀아주지 않는 경험도 이 시기 아이에게 필요합니다.

누구나 거쳐야 할 과정이기는 하나 부모로서는 매 순간 난감합니다. 아이가 장난감을 끌어안고 친구가 손도 못 대게 한다거나, 친구가 들고 있는 장난감을 휙 빼앗아 간다거나 하는 일이 비일비재합니다. 게다가 24개월쯤 아이에게는 말도 잘 통하지 않습니다.

아이를 혼내기보다 친구를 위로해주세요

아이가 친구가 들고 있는 장난감을 휙 빼앗았을 때는 어떻게 하는 게 좋을까요? 친구에게는 원래 자기 물건이 아니었습니다. 아이로서는 자기 물건을 누군가가 침범하려는 거고요. 부모가 보기에는 내 아이가 친구에게서 물건을 빼앗는 게 난감하긴 하겠지만, 말도 안 통하는 아이를 설득하기보다는 친구를 달래주세요. 장난감을 빼앗겨 속상해하는 친구에게 다른 장난감이나 간식을 주어 주의를 분산하며 달래주세요.

아이가 친구와 함께 즐길 수 있는 걸로 관심을 돌려보세요

아이가 친구가 가는 곳마다 막아서면서 모든 물건에 손도 못 대게 할 때는 누군가에게 양보를 하라고 설득하기보다 두 아이 모두의 시선을 다른 곳으로 돌리는 것이 좋습니다. 아이들에게 좋아하는 간식거리를 공평하게 나눠주어 긴장감을 낮춰주세요. 각자에게 동일한 새로운 놀잇감을 주는 것도 방법입니다. 비싸지 않고, 질식의 위험이 없는 적당한 크기의 장난감이 적당합니다. 소리가 나는 장난감이면 더 좋습니다.

사이좋게 지내는 법을 알려주고 사소한 것에 칭찬해주세요

이러한 일들이 있을 때 상황을 수습하는 데만 급급하지 말고, 사이좋게 지내는 법을 가르치는 기회로 삼으면 좋습니다. "친구가 가버렸네, 친구가 가버리니 심심하지? 다음엔 친구에게 장난감 함께 가지고 놀자고 하자. 그러면 친구가 더 오래 놀다 갈 거야."

계속해서 일깨워주면 아이는 조금씩 바뀌기 시작합니다. 그리고 다음번에 아이가 아주 잠깐이라도 장난감을 양보하면 그냥 넘어가지 마시고 꼭 즉시 반응을 보여주세요. "우리 솔이가 장난감을 양보했네. 진짜 잘했어요." 이런 경험이 반복되면서 아이는 점차 나눔과 양보가 자신에게도 좋다는 것을 배우게 됩니다. 엄마에게 칭찬받고 친구와도 계속 놀 수 있으니까요. 한두 번 갈등이 있다고 포기하지 말고 반복하다 보면 아이의 사회성이 자라는 데 매우 도움이 될 것입니다.

{ 1등 }

아이가 운다.

졌다고 아이가 운다.

괜찮아.. 질수도 없지..ㅎ

할러갈러 거리고..ㅋ

괜찮다고, 괜찮다고
말해줘도

아이의 속상함은
사그라들지 않는다.

몰라!!
기분나빠!
계속진단말야!!
흑흑흑..

다.. 다음에
이기면
되지..뭐.

재미있게 노는 게
중요한 거야
게임이잖아

흑

이기는 게 좋은 거라고
말한 적도 없는데…

지는 게 싫은 건지
이기는 걸 좋아하는 건지.

꾸깃..

이기는 순간의
성취감을 간직하는 것도
다른 사람이 이겼을 때
축하해주는 것도

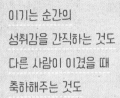

그리고 친구는
많이 해봤잖아.
너는 해본지
얼마 안 돼서..

몰라! 나빠!
안 해!

가르쳐주고 싶지만…

다신
안 해!

아니..
하.. 참..

흑흑..

지금 너에게 무슨 말을 해야 할지
잘 모르겠어….

이기더라도 지더라도
너는 나의 하나뿐인
소중한 아이라는 말 밖에는….

지면 좀 어때..
엄마는 그래도
졸이를 사랑하는데.

승부욕이 있는 건
나쁜 건 아닌 것 같은데..
좀 넘친 건가..

흑흑..
몰라!!

42개월 아이. 놀이에서 지는 것을 못 참아요.

가위바위보에서 져도 자기가 이겼다고 우겨요.

규칙을 모르는 것도 아닌데. 카드놀이를 하면

점수가 높은 카드는 무조건 자기가 가지겠다고 해서

규칙대로 진행하는 것이 어려워요.

어쩌다 공평하게 나누어서 카드놀이를 진행해도

자기가 지면 바로 울어버려요.

게임에서 이길 수만은 없다고, 질 수도 있다고,

재미있게 노는 게 더 중요하다고 말해줘도 소용이 없어요.

"그래도 난 이기고 싶어."라며 펑펑 울기만 합니다.

"엄마는 져도 안 울잖아."라고 해도 소용없어요.

친구랑 놀다가도 지면 바로 그만하겠다고

게임을 엎어버립니다. 어떻게 해야 할까요?

승부를 가르는 놀이를 통해 아이들은 배울 것이 많습니다.

이기는 법도 배우지만, 이기거나 진 다음에

자신을 다스리고 상대방을 배려하는 것을 배웁니다.

아이 스스로 마음을 추스릴 시간을 주시고 공감해주세요.

이기거나 진 후에 감정을 다스리는 것도 연습이 필요해요

지는 것을 좋아하는 사람이 있을까요? 지는 것은 누구나 싫어합니다. 정도의 차이가 있고 표현의 차이가 있을 뿐입니다. 저도 아무렇지 않다면, 그래서 늘 지는 것에 익숙하다면 그것이 오히려 더 걱정입니다. 진 후에 잘 극복하도록 돕는 것이 부모의 역할입니다.

질 때마다 울고불고하는 세 살배기 아이와는 다른 아이도 같이 놀기를 꺼립니다. 이겼을 때 의기양양해서 진 아이를 놀리는 아이도 친구를 사귀기 어렵습니다. 승부를 가리는 놀이를 통해 아이는 졌을 때 자신의 감정을 다스리고, 이겼을 때 상대방을 배려하는 방법을 배웁니다. 이것이 하루아침에 되는 것은 아닙니다.

져서 속상한 아이의 마음에 공감해주세요

아이가 져서 속상해한다면 일단 공감하고 안아주세요. "져서 속상하구나. 엄마도 속상해."

졌을 때 누가 말려도 소용없이 울던 아이가 이제는 삐쳐 있거나 시무룩한 정도라면 아이는 나름대로 속상한 마음을 많이 참고 있는 겁니다. 그 점을 칭찬하고 안아주세요. "전에는 졌을 때 많이 울었는데, 이제 울지도 않고 잘 참네. 아유 대견해라." 말하며 안아주세요.

진 후에 불쾌한 감정은 상당히 오래 갈 수도 있습니다. 그러나 그 불쾌함을 극복하는 것은 아이 몫입니다. 간혹 아이가 삐쳐 있는 것을 보다 못해 "한번 진 거 갖고 얼마나 삐쳐 있으려고 그래?" 하면서 아이를 혼내는 경우가 있습니다. 하지만 아이도 감정을 추스르고 극복할 시간이 필요합니다. 아이를 충분히 위로하고 안아준 뒤, 아이가 스스로 극복하도록 시간을 주고 기다려주세요.

다른 사람도 배려해야 한다는 걸 알려주세요

아이가 커서 조금 더 긴 설명이 가능하다면 지고도 참아야 하는 이유를 설명해주세요. "졌다고 너무 화내면 친구들이 싫어서 다음에 같이 안 놀려고 할 거야. 그러면 다음에 이길 수도 없겠지? 이번에 잘 참고 다음에 이기자."

졌을 때 울거나 화내는 것도 문제지만, 이겼을 때 너무 좋아하면서 진 상대를 놀리고 깔보는 것도 문제입니다. 진 아이는 져서 기분이 나쁜데 놀리기까지 하면 곧 싸움으로 번질 수 있습니다. 이기고 나서도 진 상대방이 너무 기분 나쁘지 않게 배려하는 태도가 필요합니다. 상대방을 위로까지는 아니어도 놀리거나 깔보지 않도록 알려주세요. "네가 져서 기분 나쁠 때 그걸로 놀리면 네 기분은 어떨까?" 같은 질문으로 공감 능력을 키우고 상대방을 배려하는 법을 가르쳐주세요.

승부를 가르는 놀이를 통해 아이들은 배울 것이 많습니다. 배우는 것은 아이의 일이지만 잘 배울 수 있도록 지켜보고 안아주고 응원해주는 것은 부모의 일입니다.

{ 혼내도 그때뿐 }

여섯 살과 세 살

두 명의 아들

첫째가 만들면

둘째는 부수고

첫째가 그림을 그리면

둘째는 낙서를 하고

결국 울어버리는 첫째와

혼났다고 우는 둘째

그렇게 우리 집은 오늘도 눈물바다

또다시 첫째는 만들고

둘째는 또 부수고

마치 아무 일도 없었던 것처럼

아무 말도
못 들었던 것처럼

아이는 혼내도 그때뿐

덜 혼나서 그러는 걸까.
더 무섭게 혼내야 하는 걸까.

화내는 엄마는
되고 싶지 않았는데

오늘도 엄마 목에선
남자 목소리가┈┈

딸바보가
물었어

24개월 둘째 아들, 60개월 첫째 아들 형제.

둘째가 첫째 그림에 낙서를 하거나,

유치원에서 만들어온 장난감을 구겨버려서

첫째가 속상해 울곤 합니다.

동생을 혼내면 둘째도 울면서 잘못했다고 해요.

첫째도 울고 둘째도 울고 눈물바다가 되어 난리도 아니에요.

문제는 울음을 그치고 진정하자마자 돌아서서 또 그런다는 거예요.

덜 혼나서 그러는 걸까요? 더 심하게 혼내야 할까요?

공평하게 문제를 해결하는 방법을 가르쳐주세요.

아이들은 갈등이 생겼을 때

스스로 해결하는 방법을 모릅니다.

크게 혼냈으니
잘 알아
들었겠지…

아이들의 참을성은 아직 자라고 있어요

눈물이 쏙 빠지게 혼이 나고 절대 다시 안 한다고 하고서 돌아서면 또 같은 잘못을 하는 아이들. 왜 이러는 걸까요? 아이들은 충동적입니다. 생각으로는 알지만 그 순간을 참지 못하는 것이죠. 어른도 마찬가지입니다. 독하게 마음먹고 다이어트 중이었지만 늦은 저녁 남편이 시킨 치맥 앞에 맥없이 무너져본 경험이 있다면 참을성이란 게 말처럼 쉬운 게 아니라는 걸 아시겠지요. 하물며 아이들은 더욱 참을성이 없습니다.

　혼난 후에 같은 잘못을 저지른 아이. 머리로는 이해를 했고 혼날 때는 다시는 잘못하지 않겠다고 굳게 결심했지만 순간의 충동을 못 이겨

다시 같은 잘못을 저지르고 말았습니다. 아이도 순간의 실수를 후회하고 자책합니다. 믿고 의지하는 부모에게 자신의 실수로 혼이 나는 건 아이에게도 고통스러운 경험입니다. 아무리 잘 알아듣고 굳게 결심해도 아이들은 돌아서면 같은 잘못을 합니다. 아직 참을성이 자라지 못해서 그렇습니다.

혼날 만한 환경을 바꿔주세요

아이들이 같은 문제를 반복한다면 혼날 만한 환경을 바꾸어주세요. 아이가 늘 칼싸움만 하면 격해져서 누군가를 치거나 물건을 망가뜨려 혼난다면, 칼 역할을 할 만한 긴 물건들은 아예 아이 눈길이 닿지 않는 곳으로 치워버리세요. 둘째가 첫째가 아끼는 장난감을 만져서 첫째가 늘 속상해한다면, 첫째로 하여금 둘째의 손이 닿지 않는 곳으로 감추어두게 해주세요. 이는 첫째의 성장에도 좋습니다. 자신의 소중한 물건을 잘 간수하는 습관도 들일 수 있고 앞으로 일어날 일을 예측하는 능력, 다른 사람의 마음 상태를 이해하고 대비하는 능력을 키우는 데도 도움이 됩니다.

싸우면 같이 놀 수 없다는 걸 교육하세요

싸우면 같이 놀 수 없다는 것을 교육하세요. 형제끼리 놀다가 싸우는 것은 흔한 일입니다. 싸우면 둘이 떨어뜨려 다른 공간으로 보내고 같이 놀지 못하게 하세요. 혼자 놀면 심심하다는 것을 알게 되면 안 싸우려 각자 노력하게 됩니다.

공평하게 문제를 해결하는 방법을 가르쳐주세요

아이들은 갈등이 생겼을 때 스스로 해결하는 방법을 모릅니다. 애들끼리 해결하도록 놔두면 나름 방법을 터득하겠지만 때리는 등 바람직하지 않은 방법으로 갈등을 해결할 수도 있고, 그 와중에 한 명은 상처를 받을 수도 있습니다. 양보하고 타협하는 등의 갈등 해결 방식은 부모로부터 체득하게 됩니다. 부모가 화를 내고 소리를 지른다면 아이들은 문제가 생겼을 때 같은 방법으로 대처하려 들 겁니다. 시간을 정해서 돌아가며 논다든지, 가위바위보로 순서를 정하는 등 기다림과 규칙을 가르쳐주세요. 형제가 싸우는 상황을 갈등 해결 과정과 규칙을 가르칠 기회로 삼으세요.

첫째 아이의 감정을 공감해주시고 둘째와 분리해주세요

그러나 이런 교육은 아이가 세 돌쯤 되어 엄마 말도 알아듣고 내 것, 네 것, 함께 쓰는 것 같은 개념이 생겼을 때 시도할 수 있습니다. 첫째는 엄마가 말해준 규칙을 따르고 지킬 정도로 자랐는데, 둘째는 아직 어려 말을 잘 못 알아들을 때는 이 방법을 쓸 수 없습니다. 부모 입장에서는 이때가 가장 조심스럽습니다.

아기인 둘째가 자꾸 첫째의 장난감을 만지고 그림을 찢어서 첫째가 속상해할 때, 첫째에게 "왜 장난감을 미리 챙기지 않았니?"라며 나무라거나, "동생은 아기니까 몰라서 그래. 네가 참아줘."라고 첫째에게만 참으라고 하는 것은 첫째와 둘째 모두에게 좋지 않습니다. 그런 상황이 반복되면 첫째는 둘째를 '자신의 소중한 것을 침범하는 아이'로 생각하고 원망하게 되고, 부모가 보지 않는 곳에서 동생을 괴롭히는 것으로 폭발할 수도 있습니다.

이 경우 말이 통하지 않는 둘째를 혼내봐야 같은 일이 또 반복될 것입니다. 이때 부모는 첫째의 감정을 추스르는 걸 도와주어야 합니다.

속상한 첫째에게서 영문 모르는 둘째를 일단 분리하는 것이 좋습니다. 둘째가 눈에 보이지 않아야 감정을 추스르기가 수월하기 때문이죠. 그 다음 첫째의 속상한 감정이 가라앉을 수 있도록 "동생이 장난감을 자꾸 만지는 게 속상하지? 동생이 네 장난감이 정말 멋있어 보였나 보네." 하고 첫째의 감정에 공감해주고 위로해주세요. 아이는 자신의 감정이 자연스러운 감정이라는 것을 배우고, 스스로 속상한 감정을 조절하는 연습을 하게 됩니다. 속상한 마음을 추스르고 난 뒤 첫째에게 "소중한 물건은 동생 손이 닿지 않는 곳에 두는 것이 좋겠다." 하고 미래에 일어날 일을 예측해 예방하는 연습을 시키세요.

평소에 둘 사이가 돈독해지도록 도와주세요

갈등이 일어났을 때 잘 수습해주는 것도 필요하지만 평소에 첫째와 둘째 사이가 돈독해지도록 도와주는 것도 중요합니다. 첫째가 둘째를 통해서 자꾸 혼나는 경험만 쌓인다면 첫째는 둘째를 원망하고 경쟁자로 생각하게 됩니다. 사이가 마냥 좋아지기는 힘이 들겠죠. 그러나 반대로 첫째가 둘째와 있는 것으로 자꾸 좋은 경험이 쌓인다면 첫째가 둘째를 자연스럽게 좋아하고 챙길 수밖에 없습니다.

첫째와 둘째가 함께 있을 때 첫째를 자꾸 칭찬해주세요. "동생 손을 잘 잡고 다니는 멋있는 형이구나." "동생이랑 장난감 놀이도 잘해주는 구나." "동생한테 책 읽어주는 거야? 멋있다." 하고 형이 동생을 챙길 때 듬뿍 칭찬해줍니다. 간식을 줄 때도 큰 아이에게 먼저 간식을 주고 동생에게 나누어주라고 해보세요. 아이가 간식을 반으로 뚝 떼주면 기회를 놓치지 않고 멋있다고 칭찬해주세요. 이를 통해 첫째는 동생을 챙겨야겠다는 책임감과 나눔의 개념도 배울 수 있습니다. 형에게 동생을 챙기라고 지시하기보다, 동생을 진심으로 아끼고 챙길 수 있는 환경을 만들어주는 것이 가장 중요합니다.

첫째를 이기는 둘째

그런데
어느 날부터
첫째만 양보를 하고

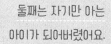

둘째는 자기만 아는
아이가 되어버렸어요.

첫째라고
양보하는 것만 배운 첫째.

동생이라고
받는 것을 당연하게 여기는 둘째.

아직 다섯 살일 뿐인데
너무 언니 노릇만 가르쳤나 봐요.
어떡하죠….

044

50개월, 35개월 연년생 두 딸.

첫째가 온순하고 착해서

연년생이지만 키우는 게 어렵진 않아요.

첫째가 늘 양보하고 동생을 챙기거든요.

그런데 둘째가 세 돌쯤 되자 언니를 만만하게 보고 이겨먹으려고 해요.

왜소한 첫째와 달리 둘째는

또래에 비해 크고 힘에서도 안 밀리거든요.

첫째만 양보하고 동생은 양보를 전혀 안 해요.

모든 걸 혼자 독차지하려 하고 맘에 안 들면

언니를 밀치고 때립니다.

첫째는 동생에게 맞고도 뭐라고 못해요.

혼자 속상해하는 첫째가 안쓰러운데

독불장군 둘째를 어떻게 해야 할까요?

첫째도 아직 어린 아이라는 걸 기억하세요.

첫째의 잘한 행동을 칭찬해주고,

둘째의 행동은 부모가 직접 통제해주세요.

아이의 기질도 발달 수준도 다르다는 걸 기억하세요

첫째아이와 둘째아이, 두 아이가 이렇게 다른 이유는 몇 가지가 있습니다.

첫째, 기질의 차이입니다. 아이들은 타고난 성향이 모두 다릅니다. 같은 부모의 자식이라 해도 예외는 아니지요. 성격과 생김새가 너무 달라서 자매라 해도 믿기 어려운 경우도 있습니다. 한 명은 순해서 키우기 쉬운데 다른 아이는 너무 억세서 사사건건 통제가 어렵기도 합니다. 커서도 그러면 어쩌나 걱정이 앞서지요.

1956년, 토마스와 체스는 141명의 아이들을 유아부터 성인이 될 때까지 관찰하며 기질을 연구했습니다. 아기 때 억세고 까다로웠던 아이들이 커서도 제멋대로에 고집불통이었을까요? 아니었습니다. 부모가 하기에 따라서 아이들의 기질은 바뀌었습니다. 까다롭고 잘 울던 아이들이 따뜻하고 부드러운 부모의 보살핌을 받으며 행복하고 편안한 기질로 바뀌었습니다. 둘째 아이가 지금은 너무 억세다고 걱정하지 마세요. 지속적으로 잘 도닥이고 가르치다 보면 아이가 바뀝니다.

둘째, 발달 수준의 차이입니다. 아이들은 하루가 다르게 자랍니다. 참을성도 마찬가지입니다. 못 참던 아이가 점차 잘 참을 수 있게 됩니다. 욕심대로 안 돼서 화가 나는 것도 점점 참을 수 있게 되고, 화가 나면 던지고 때리던 아이도 말로 할 수 있게 됩니다.

아이들 시간으로 15개월이면 엄청 긴 시간입니다. 35개월과 50개월 아이를 한 자리에서 비교를 하니 차이가 더 크게 느껴질 수 있습니다. 동생에게도 하고 싶은 것도 참는 법과 화가 날 때 말로 하는 법을 가르치면 50개월이 되었을 때 첫째 이상으로 양보를 잘하고 신사적인 아이로 자랄 수 있습니다.

부모의 선입견은 없었는지 생각해보세요

다음은 환경의 영향입니다. 첫째가 동생을 돌보면 부모가 조금이나마 편안하니, 둘째를 첫째에게 맡겼을 수 있습니다. 50개월 첫째에게 35개월 동생을 다루는 것은 너무 어려운 일입니다. 아이로서는 평화를 위해 고작 할 수 있는 것이 양보밖에 없을 수 있습니다. 그러다 보면 동생은 점점 거세집니다.

부모 입장에서는 첫째가 동생에게 양보하는 게 기특하고 대견하면서도 동생한테 무조건 양보하는 것이 못마땅합니다. 한편 고집불통인 둘째가 언니에게 늘 욕심 사납게 구는 것 같아 거슬립니다. 이렇게 첫째는 순하고 양보하는 아이이고, 둘째는 막무가내 고집불통이라는 선입견이 부모에게 생기면, 평소 양육 태도에 영향을 주고 아이 행동에도 영향을 미치게 됩니다.

동생이 욕심껏 행동했다 해도 그건 우리 아이만 가진 특성이 아니라 그 또래 아이들이 보여주는 보편적 특성일 수 있습니다. 그럼에도 부모 마음에 각인된 '둘째는 욕심쟁이'라는 선입견이 부모도 모르는 사이 더 큰 소리로 동생을 제지하고 혼내게 할 수 있지요. 한편 양보하는 행동이 첫째의 발달 연령에 맞는 행동임에도 "넌 왜 자꾸 양보만 하니?"라며 문제처럼 대하는 부모의 태도가 첫째를 주눅 들게 만들 수도 있습니다. 부모의 선입견이나 개입하는 방식 때문에 아이들은 자신이 뭔가 잘못했거나 부족하다는 느낌을 받을 수 있습니다.

첫째에게 대처 방법을 구체적으로 알려주세요

첫째에게는 동생을 다룰 때 참기만 하지 말고 다른 방법도 있다는 것을 구체적으로 알려줘야 합니다. 동생이 물건을 던지거나 때릴 때 "때리지 마! 던지지 마!"라고 단호하게 이야기하라고 하세요. 동생이 아무리 고집을 부린다 해도 양보하기 싫다면 "지금은 내가 가지고 놀고 싶어. 이따가 줄게!" 하고 마음을 정확히 말하라고 알려주세요. 그렇게 말한 뒤에도 제재가 안 되면 엄마에게 알리라고 하세요.

이때 "너는 언니가 돼서 동생한테 밀리면 어떡하니?"라는 반응을 보이면 안 됩니다. 동생을 통제 못 하는 것은 첫째 탓이 아닙니다. 욕심내고 던지고 때리고 고집을 부리는 35개월짜리를 통제하는 것은 사실 부

모에게도 버거운 일입니다. 50개월 첫째 입장에서는 막무가내인 35개월 동생의 행동이 그저 당황스럽기만 할 것입니다. "동생이 던져서 말렸구나. 잘했어." 하고 첫째의 잘한 행동을 칭찬해주고, 둘째의 행동은 부모가 직접 통제해야 합니다.

둘째에겐 감정을 말로 표현할 수 있도록 알려주세요

한편 동생은 아직 참을성이 없을 시기입니다. 떼를 쓰고 화를 잘 못 참고, 화가 나면 물건을 던지거나 때리기도 합니다. 짜증나고 화가 나는 감정은 잘못된 게 아닙니다. 다만 행동이 아니라 말로 표현하는 방식을 가르쳐야 합니다.

　언니가 장난감을 양보해주지 않는다고 둘째가 속상해 운다면 "언니 장난감을 가지고 놀고 싶었는데 언니가 양보해주지 않는구나." 하고 속상한 마음을 헤아려주세요. 그런 다음 "그래도 언니 장난감이니까 언니가 충분히 논 뒤에 빌려달라고 할 수 있어." 하고 차례를 기다려야 한다는 것을 가르쳐줍니다.

  기다리는 동안 아이가 다른 곳으로 시선을 돌릴 수 있도록 다른 장난감을 가지고 놀아주세요. 장난감을 충분히 갖고 논 첫째가 둘째에게 양보해주면 "언니 고마워." 하고 인사하도록 알려주세요. 이렇게 양보가 상대를 배려하는 좋은 행동이라는 것을 가르쳐줄 수 있습니다.

  아이가 자기 맘대로 안 된다고 던지거나 때리는 행동을 할 때는 즉시 3분 정도 벽을 보고 서 있거나 생각 의자 등에 앉혀서 타임아웃을 실시합니다. 던지고 때리는 것이 나쁘다는 것을 알려주고, 다음에는 화가 났을 때 말로 하라고 알려줍니다. "아니, 싫어." "나 화났어." 화가 났을 때 쓸 수 있는 말을 같이 정해보고 연습하는 것도 방법입니다.

  그리고 둘째가 온순한 첫째의 말을 잘 안 들으려 한다면, 평소에 첫째의 권위를 살려주는 것이 좋습니다. 사실 형제 자매 간의 문제처럼 보이는 일들이 의외로 부모의 문제인 경우가 많습니다. 부모가 적절하게 잘 개입하면 아이들은 사이좋은 형제, 자매로 잘 자랄 수 있습니다.

우리 아이는 평화주의자

착하다고
순하다고 좋아만했는데

어느 순간부터
자꾸 맞고 오는 아이.

참기만 해서일까,

몸집이 작아서일까,

같이 때리라고 해야 하는 걸까.

착해서 손해 보는 너에게

못돼지라고 가르칠 수도 없고...

어떻게 해야
이 거친 세상에서
널 다치지 않게
할 수 있을까

48개월 남자아이.

선생님한테 일주일에 한 번은 전화가 걸려옵니다.

"오늘 지용이랑 장난감을 가지고 싸웠는데

머리를 한 대 맞았어요."

성격이 유순한 편인데다 생일이 늦어 또래 중에서도 작아요.

그래서인지 자주 맞고 옵니다.

제 생각엔 반격을 하지 않아서 더 많이 맞는 것 같아요.

위로만 하자니 엄마가 너무 아이 뒤에 물러나 있는 것 같아요.

가서 때리는 아이에게 한마디 해야 하는 걸까요?

"너도 때려!"라고 가르쳐야 할까요?

어떻게 하면 좋을까요?

일단 싸움이 나면 평화적으로 잘 해결해야 합니다.

하지만 그보다 더 중요한 건 싸움을 피하는 것입니다.

싸우기 전에 평화적으로 문제를 해결하는 방법을 알려주세요.

아무리 속상해도 참아야 할 행동

아이가 맞고 오면 부모는 자신이 맞은 것 이상으로 아프고 화가 납니다. 부모는 흥분한 나머지 평소라면 안 할 행동을 할 수도 있습니다. 하지만 그렇다 한들 절대 해서는 안 되는 행동들이 있습니다.

첫째, "너는 왜 맞고 오니?" 하면서 아이를 타박하는 것입니다. 그렇지 않아도 속이 상한데 부모에게 혼까지 난다면 아이는 더 마음이 아프겠지요. 그러면 아이는 다음에는 맞고도 부모에게 말을 안 할 수도

있습니다. 학교폭력을 당하고도 부모에게 이야기 못하는 아이들을 생각해보세요. 맞고 온 아이를 보듬어야 다음에도 어려운 일을 당했을 때 부모에게 솔직하게 이야기합니다.

둘째, 상대 아이를 직접 찾아가서 혼내는 행동은 하지 말아야 합니다. 어른에게 혼이 난 남의 집 아이도 크게 상처를 받을 수 있습니다. 게다가 아이들 싸움이 어른 싸움이 된다고 하지요? 어른의 싸움은 훨씬 더 감정적이고 격하며 아이들에게도 도움이 되지 않습니다.

셋째, "너도 때려!" 하고 맞고 온 아이에게 똑같이 폭력으로 대응하라고 지시하는 것은 더 큰 문제가 될 수 있습니다. 부모는 늘 맞고 오는 아이를 보면 속이 상해서 폭력이 나쁘다는 걸 알면서도 홧김에 이렇게 이야기하곤 합니다. 하지만 이처럼 폭력으로 문제를 해결하는 것은 이후 더 큰 문제가 되고 더 큰 화를 부를 뿐입니다.

확실하게 자기 의사를 표현하는 법을 알려주기

가장 먼저, 맞고 온 아이를 다독이며 위로해주세요. "많이 아팠겠다. 얼마나 속상했니? 엄마가 위로해줄게." 그리고 아이의 참을성을 칭찬해주세요. "아무리 화가 나도 때리는 건 나쁜 거야. 너도 때리고 싶었을텐데 잘 참았구나."라고 이야기해주세요. 때린 아이가 잘못한 행동이지, 맞은 게 잘못한 게 아니라는 것을 가르쳐주세요.

그런 다음 친구에게 맞았을 때 아이가 취할 수 있는 행동들을 가르쳐주세요. 확실하게 자기 주장을 하는 방법을 알려주세요.

우선 아이와 거울 앞에 서보세요. 아이에게 화가 난, 단호한 표정으로 "하지 마!" 혹은 "때리지 마!"라고 말하도록 시키세요. 아이가 수줍어하거나 그다지 단호한 태도가 아니라면 부모가 먼저 그 모습을 보여주면서 따라하도록 연습을 시켜보세요. 함께 거울 앞에서 연습하며 부모의 태도와 아이의 태도를 비교해주세요. 화가 났다는 것을 상대에게 확실히 알릴 수 있도록 해주세요.

아이가 확실히 하지 말라고 했는데도 제지가 안 되면 재빨리 선생님에게 알려 도움을 청하라고 말해주고, 선생님이 오시면 침착하게 상황을 잘 설명하라고 알려주세요. 아이는 선생님의 중재 방식을 보며 폭력이 아닌 말로 상황을 중재하는 방식을 배울 수 있습니다.

아이가 왜 맞게 되었는지 알아보세요

일단 싸움이 나면 평화적으로 잘 해결해야 합니다. 하지만 그보다 더 중요한 건 싸움을 피하는 것입니다. 싸우기 전에 평화적으로 문제를 해결하는 방법을 알려줘야 합니다.

아이들은 감정 조절이 미숙하기 때문에 순간적인 화를 참지 못하고 사이좋게 놀다가도 친구를 때릴 수 있습니다. 아니면 너무 신이 나서 뛰어 놀다 의도치 않게 친구를 밀치거나 아프게 할 수 있습니다. 아이들끼리 놀다가 한두 번 부딪히고 다치는 건 엄마 마음은 아프지만 있을 수 있는 일입니다. 따라서 무조건 엄마가 개입하는 것은, 아이들 스스로 사소한 갈등을 해결할 기회를 빼앗는 일일 수 있습니다.

네~
어머니~

선생님
안녕하세요...
지난번처럼 또...
무슨 문제가...

같은 반에 독불장군이 있을 경우

특정한 아이가 고의적으로 쫓아다니면서 때린다면 그때는 부모의 개입이 필요합니다. 아이가 특정 아이에게 계속 맞고 온다면, 어쩌다가 싸움을 하게 되었고, 맞게 되었는지 자세히 물어보세요. 아이에게뿐 아니라 선생님께도 상담을 요청해 물어보세요. 가장 좋은 건 부모가 아이가 노는 장면을 직접 지켜보는 것입니다.

한 명의 아이가 지속적으로 다른 아이들을 괴롭히는 상황이라면, 선생님께 정식으로 문제를 제기하세요. 필요하다면 때리는 아이의 보호자에게 알려서 적절한 조치를 취해야 합니다. 이때 부모가 나서서 직접 알리는 것보다, 선생님을 통해 그 아이의 부모에게 해당 사실을 객관적으로 알리는 편이 좋습니다.

여러 아이에게 자주 맞고 오는 경우

우리 아이가 특정한 한 아이에게 맞고 오는 게 아니라, 여러 아이에게 자주 맞고 온다면 자기도 모르는 사이에 상대방을 화나게 하거나, 상대가 화가 났을 때 적절하게 대응하는 방법을 모르고 있는 것일 수 있습니다.

선생님께 아이에게 혹시 그런 면이 있는지 물어보세요. 그리고 아이가 친구들과 노는 것을 직접 관찰해보세요. 아이가 사이좋게 노는 데 서툴다면 곁에서 관찰하며 도와주세요. "이럴 땐 네가 조금 더 양보하는 게 좋겠어." "별명을 부르면 친구가 싫어해. 네가 자꾸 별명을 부르니 친구가 점점 화를 냈거든." "친구는 지는 게 너무 싫은가 봐. 그런 놀이를 하면 친구가 자꾸 화를 내니 다른 놀이를 하는 게 어떨까?" 하며 아이의 놀이 멘토가 되어주세요.

아이와 함께 인형을 가지고 역할극을 하면서 맞고 난 뒤의 속상함을 풀고, 싸움이 안 나도록 중재하는 연습, 말로 문제를 해결하는 연습 등을 시켜주는 것도 좋습니다. 맞은 경험은 아프지만 그 경험이 기회가 되어 더 많은 것을 배우고 성장하는 계기가 될 수 있습니다.

질문의 폭포

아침에 일어나면 묻기부터

밥을 먹으면 또 묻기 시작.

유치원에 가면 폭풍 질문.

집에 오면 질문 세례.

자라날수록
아이의 질문은 쏟아진다.

처음엔 정성껏 대답해주려고
노력했는데

아빠,아빠!
왜 이거
안 돌아가?
봐봐,봐봐~

점점 시간이 갈수록

무엇이든 모르는 게 생길 때마다

뭔데?
뭔데?

응?

엄마한테도
증가

으응..
이건 보니까
서로 모양이...

스스로 생각하지는 않고

아...

물어보기만 하는 아이가 될까 봐

처음으로
아이에게 모른다고 했다.

스스로 상상도 해보고
생각할 수 있었으면 하는 마음과

바쁜 와중에 쏟아지는
쓸데없는 질문에
귀찮아진 마음도 사실 있었다.

하지만 돌아서 생각하니

아이의 궁금증에 답을 안 해주는

무심한 아빠가 된 것 같기도 한, 이 마음….

뭐가 맞는 걸까?

딸바보가
물었어

48개월 딸.

"왜?"라고 끊임없이 물어봐요.

머리가 다 아플 지경입니다.

아이들의 질문에는 잘 대답해주는 것이 좋다고 해서

최대한 성실히 대답해주려 하지만

아침에 출근 준비로 바쁘거나, 찌개가 끓어 넘치고 있다거나

하는 급할 때도 질문이 끊이지 않을 때는 사실 성가셔요.

때론 모르는 걸 물어봐서 난감하기도 하구요.

질문의 폭포를 잘 헤쳐 나갈 방법이 있을까요?

아이가 질문을 했다는 것은 그것에 관심이 있다는 뜻입니다.

누구나 관심 없는 것보다는 관심 가는 것을 더 빨리 배웁니다.

아이가 질문을 했다는 건 새로운 것을

가르칠 좋은 기회가 열린 것입니다.

아이들은 원래 궁금한 것이 많아요

아이들은 궁금한 것이 많습니다. 참을성도 없으니 궁금한 것은 궁금할 때마다 물어봅니다. 호기심 많은 아이는 시도 때도 없이 질문을 해서 바쁜 부모를 더 바쁘게 만듭니다. 하지만 질문이 많은 아이는 배울 것도 많습니다. 질문은 아이를 지혜롭게 만드는 좋은 기회가 됩니다.

질문에 간략하게 대답해주세요

아이가 질문을 했다는 것은 그것에 관심이 있다는 뜻입니다. 누구나 관심 없는 것보다는 관심 가는 것을 더 빨리 배웁니다. 아이가 질문을 했다는 건 새로운 것을 가르쳐줄 좋은 기회가 열린 것입니다.

아이가 질문을 하면 최대한 답을 주어 아이가 더 많은 것을 배우고 제대로 이해할 수 있도록 도와주세요. 이때 '가르칠 기회다'라는 마음으로 구구절절 설명해주지 않아도 됩니다. 부모가 아는 선에서, 아이 눈높이에 맞춰 설명해주되, 되도록 간단하고 짧게 대답해주세요. 어린 아이는 집중력이 약하기 때문에 말이 길어지면 전달하는 내용을 이해하기 어렵습니다.

답을 찾아가는 과정을 배우도록 함께해주세요

질문의 답을 가르쳐주는 것만큼 답을 찾아가는 과정을 배우는 것도 중요합니다.

아이가 길에서 발견한 나무 열매를 보고 "엄마, 이 열매 이름은 뭐예요?"라고 물을 때 답을 잘 모른다면 같이 알아보자고 하세요. 사진으로 찍어두고 함께 책을 뒤져보거나 인터넷을 검색하며 답을 찾아가는 과정을 함께하세요. 사진으로 찍어둔 열매 사진을 두고 책 속에서 찾은 열매와의 차이점, 공통점을 관찰하는 좋은 학습이 될 수 있습니다.

이런 과정에서 아이에게 다양한 것을 배울 기회를 계속해서 만들어주세요. "너는 어떻게 생각하니?" 질문해서 아이가 스스로 답을 찾기 위해 생각하는 힘을 기르도록 도와주세요. "엄마 생각은 다른데."라고 말해서 관점에 따라 다른 사람과 의견이 다를 수 있다는 것을 가르쳐주세요. "아빠에게 물어보자!"라는 말로, 모르는 게 있을 때 다른 사람들의 의견을 묻는 방법도 알려줄 수 있어요. 아이가 답을 찾는 다양한 방법을 익힐 수 있도록, 점차 혼자서도 답을 찾을 수 있도록 안내해주세요.

때와 장소를 구분해서 질문해야 한다는 것도 가르쳐주세요

세상을 배우는 데 질문이 좋지만, 때와 장소, 상황을 봐서 해야 합니다. 아이 때는 질문을 많이 하지만 어른이 되면 질문이 줄어듭니다. 궁금하거나 모르는 게 없어서 질문이 사라지는 건 아닙니다. 어른들은 실례가 되는 질문, 때와 장소에 맞지 않는 질문을 삼가기 때문에 줄어드는 것입니다. 엘리베이터에서 이웃 아저씨를 만났을 때 "아저씨는 왜 이렇게 배가 볼록하게 나왔어요?"라고 묻는 아이는 질문에도 예의가 필요하다는 걸 아직 배우지 못한 겁니다. 세 살이라면 웃고 넘기겠지만, 초등학생이 그렇게 묻는다면 곤란한 상황이 될 겁니다. 궁금한 게 생길 때마다 그 자리에서 묻기부터 하는 아이는 오래지 않아 눈치 없는 아이, 버릇없는 아이로 여겨질 수 있습니다.

부모는 질문에도 예절이 있다는 걸 가르쳐야 합니다. 우선 궁금해도 당장 질문하지 않고 참는 것부터 배워야 합니다. 아이에게 질문 규칙을 만들어주세요. "지금 식사 중이니 후식 나올 때 물어볼래?" "엄마 설거지 중이니까 설거지 마치면 물어보렴." 하며 질문해도 되는 때가 있다는 걸 미리 알려주세요. 아이는 참을성도 기르고 질문에 대해 혼자 생각하는 시간도 갖게 될 것입니다.

{ 혼자서 }

퍼즐도 혼자서

인형놀이도 혼자서

공놀이도 혼자서

블록 쌓기도 혼자서

친구가 와도 혼자서

유치원에서도 혼자서

집중력이 좋은 걸까,
사회성이 없는 걸까,

혼자만의 세계에 빠져 있는 너를
꺼내줘야 하는 걸까?

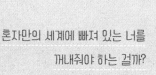

혼자 잘 노는

네가 기특했는데

다른 사람이 옆에 있어도

혼자 노는 네가 걱정되기 시작했어.

48개월 아이. 아기 때부터 혼자서 잘 놀았어요.

혼자 끈기 있게 퍼즐을 맞추고 뿌듯해하고

옆에서 도와준다고 해도 혼자서 낑낑 블록도 쌓고

공룡 인형 두 개를 들고 싸움 놀이도 해요.

혼자서 한 자리에서 30분 이상 거뜬히 놀 수 있으니

어딜 가도 편하고 집안일 하기에는 참 편한데 걱정이 되더라구요.

또래를 만나도 조금 어울리다가 혼자 놀고,

엄마가 같이 놀아주려고 말을 걸어도 자기만의 세계에

푹 빠져 있을 뿐 대답도 하지 않고 같이 놀지도 않습니다.

사람들은 '집중력 좋다', '얌전하다' 칭찬하는데 아이가

클수록 너무 혼자만의 세계에 푹 빠져 있는 게 걱정이 돼요.

아이가 다른 사람과도 잘 어울릴 수 있도록

어떻게 도와주면 될까요?

혼자 잘 노는 아이는 자기 일을 끝까지 해내는 힘이 있어요.

아이가 성향상 내성적일 수 있습니다.

그런 아이가 하루아침에 달라질 것을 기대하지는 마세요.

다른 아이들과 어울리는 기회가 많아지고,

재미있었던 경험이 쌓일수록

아이는 또래들과 어울리는 것을 두려워하지 않게 됩니다.

혼자 잘 노는 아이들은 지구력과 집중력이 있어요

아이들은 놀면서 큽니다. 혼자 놀면 혼자 노는 대로, 같이 놀면 같이 노
는 대로 새로운 것을 배우고 익히고 즐기며 건강하게 자랍니다. 따라서
혼자만의 세계에 빠져 있는 아이라고 너무 걱정할 필요는 없습니다. 이
아이들은 대체로 외부 자극에 많이 흔들리지 않고, 자기 일을 끝까지

해내는 지구력과 집중력이 있습니다. 다른 사람들은 일부러 습관을 들이고 싶어 하는 능력을 타고난 거죠. 하지만 커서 사회생활을 잘하려면 다른 사람들과 어울리는 기술도 중요하죠.

그런가 하면 혼자 놀고 싶지 않지만 혼자 노는 아이들이 있습니다. 아이가 혼자 노는 이유를 살펴보고 경우에 따라 적절한 도움을 주어야 합니다.

기질상 내성적인 아이

원래 기질적으로 내성적인 아이일 수 있습니다. 조용한 걸 좋아하고 부끄러움이 많은 아이는 다른 아이들과 뛰노는 것이 불편할 수 있습니다. 이런 아이들은 혼자 있는 것이 더 편하고 재미있어서 혼자 놉니다.

내성적인 아이에게 "넌 왜 맨날 혼자서만 노니?" "다른 아이들과도 어울려야지." "이렇게 사회성이 없어서야."처럼 타고난 성향을 비난하는 듯한 태도는 좋지 않습니다. 아이는 더 자신감을 잃고 주눅 들게 됩니다.

아이의 성향을 존중해주세요. 그러면서 다른 아이들과 자연스럽게 섞여 놀 기회를 만들어주시고 잠깐이라도 어울려 논다면 칭찬해주세요. 그렇다고 아이가 하루아침에 달라질 것을 기대하지는 마세요. 다른 아이들과 어울리는 기회가 많아지고, 재미있었던 경험이 쌓일수록 아이는 또래들과 어울리는 것을 두려워하지 않게 됩니다.

관계 맺기가 아직 서툰 아이

아이는 혼자서 노는 걸 싫어하지만, 같이 노는 방법을 몰라서 함께 놀지 못할 수 있습니다. 아이가 친구들과 같이 놀고 싶어 하며 주위를 맴돌고만 있다면 부모가 참여해서 함께 놀 수 있도록 도와주세요. 부모가 다른 아이에게 하는 말이나 행동을 따라하며 아이는 친구와 함께 어울리는 기술을 익힐 수 있습니다.

예를 들어 부모가 "이 트럭은 이렇게 움직일 수 있어!" 하며 다른 아이들의 관심을 이끌어 함께 어울리는 것을 가르쳐줄 수 있습니다. "우리 트럭으로 달리기 시합을 해보는 게 어때!" 하며 흥미로운 놀이를 제안해 친구들의 관심을 끌고 함께 노는 것을 보여주세요. 나중에 부모가 함께 있지 않아도 아이가 따라서 시도해볼 수 있습니다.

부모가 함께 놀면 좋은 점이 또 있습니다. 아이가 다른 아이와 어떻게 상호작용하고 있는지 관찰할 수 있어요. 아이가 먼저 말 붙이는 걸 어려워한다거나, 자연스럽게 끼어들지 못하는 등 부족한 부분은 나중에 아이와 이야기 나누고 역할극을 통해 연습시켜주세요.

함께 놀아본 경험이 별로 없다면

요즘에는 외동인 아이들이 많고, 부모가 맞벌이를 하는 경우도 많아서 아이가 가정에서 누군가와 함께 놀 시간이 많지 않습니다. 또한 밖에 나가도 사교육 때문에 바빠 또래와 즐겁게 어울려 놀 기회가 의외로 많지 않습니다. 이 경우 가정에서 부모님부터 아이와 함께 놀아주어야 합니다.

　만약 아이가 부모와 놀기 싫어한다면, 엄마가 평소에 아이와 잘 놀아주었는지 점검해보세요. 혹시 하나라도 더 가르치려는 엄마 욕심에, 아이의 즐거운 놀이 시간을 공부 시간으로 바꿔놓은 적은 없었는지 말이죠. 혹시 놀이라는 명목하에 '한글 놀이' '수학 놀이'를 하진 않았나요? 그건 놀이가 아니라 학습입니다. 그간 부모님과 그런 놀이만 해온 아이는 다른 사람들과의 놀이가 즐겁다는 것을 모를 수 있습니다. 놀이를 통해 무언가를 새롭게 가르치겠다는 마음은 완전히 잊고 아이가 원하는 대로 즐겁게 놀아주세요.

인지 발달이 느린 아이

인지 발달이 느린 아이는 또래 아이들과 어울리기 어렵습니다. 아이가 노는 수준이 연령보다 늦다면 인지 발달이 느린 것은 아닌지 의심을 해볼 수 있습니다. 필요하다면 전문가를 만나서 아이의 인지 발달 정도를 확인해보세요. 만약 인지 발달이 늦다면 아이 수준에 맞는 다양한 자극과 놀이를 통해 인지 발달을 촉진시키는 것이 좋습니다.

혹시나 아이가 대화하지 않고, 눈을 잘 맞추지 않으며, 사회성이 떨어지고, 무의미한 행동을 계속해서 반복하는 상동운동을 한다면 자폐 성향을 의심해볼 수 있습니다. 이런 아이는 다른 사람들과 어울리는 것이 어렵지요. 이 경우 전문가와 상의해보는 것이 좋습니다.

- 2장 -

아이의
습관

{ 마트에 가면 }

마트에 가면 장도 보고

맛난 것도 먹고

별난 것도 보고

친구도 보고

결국 장난감을 보고

장난감을 보고

장난감만 보고

마트에 가면 항상 끝이 안 좋아⋯

딸바보가
물었어

마트만 가기만 하면 드러눕는 48개월 아들.

눈물 한바가지 쏟고 돌아오거나,

장난감 얼싸안고 돌아오거나

대책이 시급합니다….

아이가 떼를 쓰기 시작한다면 아이가 원하는 것에
더욱 귀를 기울여주세요. 그리고 떼쓰는 것 외에도 원하는 것을
얻을 다른 방법이 있다는 걸 깨닫게 해주세요.
아이와 새 장난감을 사는 시기에 대해 이야기해보세요.
약속의 힘에 대해 배울 좋은 기회입니다.

유혹을 참는 건 어른도 어려운 일입니다

다이어트를 하던 사람이 어쩌다 삼겹살집을 가게 되었습니다. 된장찌
개만 먹을 거야 굳게 결심하고 가게에 들어갔습니다. 솔솔 풍겨오는 삼
겹살 냄새. 먹고 싶은 것을 참는 것이 영 고역입니다. 참지 못하고 한
점, 두 점 먹다가 다이어트는 내일부터 하자며 그냥 다 먹어버렸습니
다. 다 먹고 나니 후회가 됩니다. 참지 못한 자신에 대해 자책합니다.
그러나 다이어트를 할 거라면 아예 삼겹살집을 가지 말았어야 합니다.

  어린 아이를 장난감 가게에 데리고 가는 것은 다이어트 중인 사람을
삼겹살집에 데리고 가는 것과 같습니다. 유혹을 물리치는 것이 너무 어

렵습니다.

　건물생심의 유혹을 떨쳐내는 것은 어른에게도 결심이 필요한 어려운 일입니다. 더구나 아이들은 어른보다 참을성이 더 없습니다. 장난감 가게에서 그 엄청난 유혹을 견뎌내는 것은 당연히 어렵습니다. 장난감을 사줄 계획이 없다면 장난감 가게는 멀리 돌아가는 것이 좋습니다.

약속에 대해선 단호하게 말해주세요

장난감 가게 앞을 어쩔 수 없이 지나쳐야 한다면 미리 다짐을 해둡니다. "엄마 돈 없어서 오늘은 장난감 못 사. 그러니 사달라고 하면 안 돼." 약속과는 달리 당연히 아이는 장난감 가게 앞에서 장난감을 사달라고 조릅니다. 울고불고 뒤집어지는 아이의 떼를 못 이긴 엄마가 결국 장난감을 사주고야 맙니다. 그리고는 "엄마랑 장난감 안 사기로 약속했잖

아. 다음에는 절대 안 사줘!" 하고 한마디 하지요. 그러나 약속을 못 지킨 것은 엄마도 마찬가집니다. 돈 없어서 장난감 안 사준다고 해놓고 아이가 우니까 장난감을 사주었으니까요. 아이는 엄마도 약속을 꼭 지키는 건 아니라는 것을 알게 됩니다. 다음번에는 약속이야 어쨌든 엄마가 장난감을 사줄 때까지 더 심하게 떼를 쓸 것입니다.

아이가 약속을 지키게 하고 싶다면 엄마가 먼저 약속을 지켜야 합니다. 안 사주기로 이야기했다면 안 사주는 것이 맞습니다. 안 사주기로 약속을 했는데 장난감 가게 앞에서 "안 사기로 했잖아. 이게 꼭 필요한 거니? 집에 많이 있잖아."라며 다시 아이를 설득하려고 들면 아이는 재협상의 여지가 있다고 느낍니다.

"안 된다고 약속했지. 오늘은 장난감 못 사!" 짧고 단호하게 여지를 남기지 않고 말해야 아이도 단념이 쉽습니다. 울고 뒤집어지고 숨이 넘어가도 그날은 절대 장난감을 사주면 안 되는 날입니다.

부모가 마음을 굳게 먹어야 합니다

하지만 막무가내로 떼를 쓰는 아이를 그냥 지켜보기란 말처럼 쉽지 않습니다. 엄마 마음속에는 '아이가 이렇게 심하게 우는데 가만 놔둬도 될까? 내가 너무 냉정한 엄마처럼 보이지 않을까? 다른 사람들에게 너무 민폐를 끼치는 건 아닐까?' 수많은 생각이 오갑니다. 하지만 원하는 것이 있을 때 차분히 요청하고 설득할 줄 아는 아이로 키우고 싶다면 잠시 귀를 닫고 굳게 마음먹으시길 바랍니다. 주변 사람들에게 너무 방해가 된다면 아이를 안아 독립된 공간으로 옮겨도 좋습니다. 다만 떼를 쓰는 동안은 위로조차 건네지 말아야 합니다.

떼를 써봤자 오늘은 아무것도 사주지 않을 것이라는 걸 깨닫고 잠잠해지면 아이의 마음을 다독여주세요. "오늘 울긴 했지만 그래도 잘 참았네. 기특해. 집에 가서 맛있는 거 먹자." 장난감은 얻지 못했지만, 엄마가 속상한 마음을 알아주고 잘 참았다고 칭찬해주면 아이 스스로도 잘 참은 자신이 대견합니다.

하루 잘 넘어갔지만 그 다음에는 다시 또 떼를 쓸 수 있습니다. 그때 역시 같은 방법으로 대해야 합니다. 두세 차례 지날수록 떼쓰는 강도와 시간이 줄어들 것입니다. 그렇게 아이는 떼를 써봤자 얻을 수 있는 게 없다는 사실을 깨닫게 됩니다.

떼쓰는 거 외에도 다른 방법이 있다는 걸 알려주세요

아이가 떼를 쓴다고 슬그머니 장난감을 사주는 것은 아이의 버릇을 망치는 겁니다. 떼쓸 때마다 장난감이 생긴다는 걸 알면 아이는 반드시 떼를 쓸 테니까요. 그런데 떼쓸 때마다 장난감이 생기는 건 아니지만 가끔 장난감이 생긴다면 어떨까요? 그래도 아이는 반드시 떼를 씁니다. 즉, 늘 떼쓰는 아이가 안타까워 가끔 한 번씩 장난감을 사주는 것도

아이의 안 좋은 버릇을 강화하는 행동입니다. 아이와 약속을 했다면 엄마, 아빠는 물론 할머니, 이모, 삼촌 등 어른들끼리도 의견을 모아야 합니다.

원하는 것이 생기는 건 자연스러운 발달입니다. 원하는 목표가 있고 그걸 성취하기 위해 노력하며 발전하는 게 사람이니까요. 아이가 떼를 쓰는 건 원하는 장난감을 손에 넣는 올바른 방법을 아직 몰라서입니다. 아이가 떼를 쓰기 시작한다면 아이가 원하는 것에 더욱 귀를 기울여주세요. 떼쓰는 것 외에도 원하는 것을 얻을 다른 방법이 있다는 걸 깨닫게 해주세요.

아이와 새 장난감을 사는 시기에 대해 논의해보세요. 약속의 힘에 대해 배울 좋은 기회입니다.

다만 48개월 아이와 시기를 정할 때, 한 달, 2주처럼 단위로 말하면 이해하지 못합니다. 하룻밤을 자면 오는 이틀이나 두 밤을 자야 하는 3일처럼, 아이가 이해할 수 있는 기한을 정하는 게 좋습니다. "이틀 동안 양치질을 잘하면 뽀로로 스티커를 사자." 하는 식으로 길지 않은 기간에 얻는 아주 구체적인 보상을 두어야 합니다. 다음 생일, 어린이날, 크리스마스처럼 날을 정하고 몇 밤 남았다고 매일 이야기해주는 것도 아이 행동을 교정하는 데 좋습니다.

중요한 것 하나가 더 있습니다. 이렇게 새 장난감을 사주기로 약속했다면 반드시 지키시기 바랍니다. 아이에게 떼를 쓰지 않고도 원하는 장난감을 가질 수 있다는 것을 가르쳐주세요.

〔 안 돼는 안 되나요 〕

아빠 눈을 자꾸 손가락으로
찌르려고 해서

침 묻은 손으로 콘센트를
만지려고 해서

백화점 바닥을 핥으려고 해서

달리는 차의 문고리를 잡아당겨서

안 된다는 말을 하면
부정적인 영향을 줘서 안 좋다는데….

안 된다는 말밖에
할 수 없을 때가 너무 많아.

안 돼는 정말…
안 되는걸까…

딸바보가
물었어

24개월 아들.

'안 돼'라는 말을 쓰지 말라고 해서

시선을 다른 데로 돌리거나 아이를 다른 장소로

옮기거나 하는 방법을 쓰고 있지만

급할 때는 어쩔 수 없이 "안 돼!"라고 소리 지르게 돼요.

아이 팔을 꽉 붙들기도 하구요.

저 이렇게 해도 되나요?

'안 돼'라고 말하는 것을 두려워하지 마세요.

아이가 위험한 상황이거나 할 때는 짧고 단호하게

"안 돼."라고 말해주어야 합니다.

아이의 눈높이에서 직접 위험을 알려주세요

이제 막 걷기 시작한 아이는 세상과 사랑에 빠집니다. 누워서 눈으로 보기만 하던 것들을 이제 직접 가서 만지고 냄새 맡고 맛도 볼 수 있으니 얼마나 좋을까요? 오감을 통해 느낀 것들이 아이의 뇌에 차곡차곡 쌓여 새로운 세상을 만들어갑니다. 아이의 이 모든 경험이 아이의 뇌를 발달시킵니다. 이 시기에 부모는 아이가 가능한 많은 경험을 할 수 있도록 도와야 합니다.

그런데 아이가 활발히 주변을 탐색할수록 부모가 반드시 기억해야 할 것이 하나 있습니다. 바로 안전입니다. 얼마나 많은 아이들이 아차 하는 순간에 다치는지 모릅니다. 안전사고를 막기 위해서는 첫째도 조심, 둘째도 조심, 끝없이 조심해야 합니다.

위험한 환경은 미리 조치를 취해두어야 합니다. 콘센트에는 안전 마개를 하고, 계단 앞에는 안전 문을 답니다. 뽀족한 것, 날카로운 것, 뜨거운 것, 아이가 먹거나 마시면 안 되는 것들은 모두 아이 손에 닿지 않는 곳에 둡니다. 5~10cm 수심이라 해도 아이를 물에 절대 혼자 두면 안 되고, 아이가 혼자 들어갈 수 없도록 해야 합니다. 차량 운행 중에는 반드시 월령에 맞는 카시트에 앉혀야 하고요. 이건 반드시 지켜야 하는 안전 수칙입니다.

안전한 환경을 갖추는 것만큼 다른 한편으로는 아이에게 직접 위험을 알려주어야 합니다. 돌 이전, 말이 통하지 않더라도 아이는 부모의 감정 표정과 행동을 통해 배울 수 있으니, 아이 눈높이에 맞게 위험을 가르쳐야 합니다. 엄마가 주전자에 손을 살짝 대는 척하며 고통스러운 표정을 지으며 "앗, 뜨거!" 하고 말하면 아이는 긴장된 표정으로 엄마 한 번, 주전자 한 번 쳐다봅니다. 이렇게 부모의 표정과 몸짓을 통해 아이는 위험한 물건들을 조금씩 배워갑니다.

칼이나 가위 같이 위험한 것을 가지고 놀려고 하면 위험하지 않은 것을 쥐어 주며 위험한 물건을 빼앗습니다. 돌이 지나 서서히 말이 통하기 시작하면 "이건 꼬~옥 찌르면 아야 해요."처럼 안 되는 이유를 같이 설명해주고, 30개월 무렵, 감정에 대한 이야기를 나눌 수 있게 되면 엄마 마음도 덧붙여 설명해주세요. "네가 다치면 엄마 마음이 아파. 엄마가 걱정되니까 그 놀이는 하지 말자."처럼 말입니다.

'안 돼', '아니야'를 두려워하지 마세요

아이 키우는 일이 이렇게 계획한 대로만 된다면 정말 좋겠지만, 부모가 아무리 대비하고 교육해도 아이는 부모가 예상치 못한 행동을 하거나 위험한 상황에 부딪히게 됩니다. 부모 눈을 찌르려 하고, 콘센트를 만지고, 백화점 바닥을 핥으려 하는 건 절대로 해서는 안 되는 행동이고, 제지해야 하는 행동이 맞습니다. 그럴 때는 짧고 단호하게 "안 돼!" 하고 말해서 아이의 행동을 제한하세요. 그 과정에서 아이가 더는 그 행

동을 못하게 몸을 잡는 것도 괜찮습니다. 하지만 부모가 과하게 소리를 지르고 호들갑을 떨거나, 우는 척하며 아이에게 감정적으로 호소하는 방식은 좋지 않습니다. 특히 위험한 행동을 했다고 아이를 체벌하는 것은 바람직하지 않습니다.

부모들은 되묻습니다. "아이에게 '안 돼'라고 말하는 건 안 좋은 거 아닌가요? 육아 정보들 보면 아이에게 안 된다는 말을 하지 말라고 하던데요."라고요. 하지만 진짜 안 되는 걸 가르칠 때는 '안 돼' '아니야'라는 표현을 써야 합니다. 육아 정보에서 말하는 건 '안 돼'라는 표현을 습관적으로 사용하지 말라는 의미입니다. 예를 들어 아이가 간식을 달라고 할 때 "안 돼. 밥 먹고 나서 줄게."보다는 "그래. 밥 먹고 나서 줄게."가 훨씬 낫다는 뜻입니다. 어차피 간식은 언젠가 먹게 될 것이고, 아이는 자신의 의견이 일부 받아들여지는 긍정적인 경험을 할 수 있으니까요.

유념할 것은 부모가 "안 돼!"라고 강하게 선언했다면, 그 행동을 끝까지 못하도록 해야 한다는 것입니다. 그만큼 중요한 문제에만 "안 돼!"라고 말하세요. 안전과 직결된 문제는 안 된다고 반드시 말해주어야 하는 행동입니다. 걱정 말고 단호히 말해서 위험을 알려주세요.

'안 돼'를 이렇게 사용해보세요

1. 안전 등 아이가 위험해질 수 있는 상황일 때 단호하게 "안 돼."라고 말하세요. 짧고, 간명하게 말하는 게 핵심입니다. 목소리를 높이거나 호들갑스럽게 말할 필요는 없어요.

2. 중요한 상황에만 "안 돼."라고 말하고, 안 된다고 했으면 끝까지 태도를 유지해야 합니다.

3. 일반적인 상황에서는 '안 돼'를 대신할 말을 찾아서 사용하세요. 예를 들어 아이가 "엄마 놀이터 가서 놀아도 돼요?"라고 묻는다면 "지금은 안 돼."라고 말하기보다 "그래. 그런데 지금은 너무 더우니까 조금 시원해지면 나갈까?"라고 말해주는 겁니다.

{ 산만한 아이 }

블록 놀이 좀 하나 했더니 공룡 놀이를 하겠다고

공룡 놀이를 하나 했더니 병원 놀이를 끄집어내고

병원 놀이 좀 하나 했더니 자동차를 가지고 놀겠다고

자동차를 꺼내줬더니 북을 치고 있다.

하나에 집중할 순 없는 건가.

이 나이엔 원래 이런 건가.

오늘도 우리집은 엉망진창

48개월 아이.

아이가 하나에 집중하지 못하고 산만해요.

하나만 가지고 놀도록 유도해도 잘 안 되고

무슨 방법이 없을까요?

또래 아이와 비교해보고 아이가 정말 산만한 건지
먼저 확인해보세요.
아이에게 자극이 될 만한 환경을 바꿔주고,
간단한 규칙으로 집중력을 높이는 연습을 해주세요.

아이의 놀이도 개성이 있다는 걸 기억하세요

얼굴 생김이 다르듯 아이들 놀이도 저마다의 개성이 있습니다. 놀이를 통해 아이의 강점, 약점 등 아이의 특성을 고스란히 들여다볼 수 있습니다. 재미있는 것은 환경에 따라 아이의 놀이도 달라진다는 것입니다. 어른들도 회사에서의 모습, 집에서의 모습이 다릅니다. 어른들이 때와 장소와 맥락에 따라 다양한 모습을 보이듯 아이들의 놀이도 이와 비슷하게 참 다양합니다.

언제 어디서 누구와 노느냐에 따라 아이의 놀이가 각양각색으로 달라집니다. 집에서는 얌전하게 노는 것 같은데 어린이집이나 유치원에서는 과격하다고 할 때도 있고, 반대로 집에서는 엄청 산만한 것 같은데 아이의 단체생활을 지켜보시는 선생님은 차분한 편이라고 하기도 합니다. 같은 아이인데 같은 아이가 아닙니다. 똑같은 놀이실 내에서 아이들의 모습을 관찰해도 같은 아이가 맞을까 싶을 정도로 상황에 따라 달라서 놀랄 때가 많습니다. 엄마와 둘이 놀 때는 차분하던 아이가 엄마와 언니까지 셋이 놀 때는 엄마의 관심을 끌기 위해 경쟁적으로 말을 많이 하고 산만하다 싶을 정도로 활달해지는 모습을 보이기도 합니다.

아이가 정말 산만한 건지 또래 아이와 비교해보세요

산만한 아이가 걱정이라면 가장 먼저 해야 할 일은, 내 아이가 정말 산만한지부터 알아보는 것입니다. 우선 여러 상황에서 아이의 노는 모습을 알아보세요.

집에서는 산만하던 아이가 유치원이나 어린이집에서는 차분하다면 아이가 산만하다기보다 집 환경이 아이를 산만하게 만드는 것일 가능성이 높습니다. 집에서는 차분한데 나가서 산만하다면 유치원이나 어린이집의 다양한 자극이 아이를 더 활동적으로 만들어 그렇게 보일 수도 있습니다.

　집에서의 놀이, 낯선 장소에서의 놀이, 익숙한 또래들 사이에서 놀이
를 관찰해보세요. 어린이집이나 유치원 선생님께 다른 아이에 비해 아
이가 산만한지 의견을 들어보세요. 참고로 아이들은 어른보다 집중 시
간이 짧습니다. 그렇기에 어른을 기준으로 산만함 정도를 비교하면 모
든 아이들이 산만해 보입니다. 따라서 아이가 산만한지는 또래와 비교
해야 합니다.

모든 상황에서 산만하다면 전문가와 상의해보세요

모든 환경에서 아이가 산만하다면 조심스레 다른 원인도 생각해봐야
합니다. 정서불안이나 주의력결핍과잉행동장애 같은 증세가 있는 것은
아닌지 말입니다. 아이가 잘 울고, 보채고, 안 자고, 안 먹는 등의 모습
을 보이면 정서불안이 원인일 수 있습니다. 주의력결핍과잉행동장애,
즉 ADHD는 단체생활을 시작하면 의심하고 검사할 수 있습니다. 어린
이집이나 유치원 같은 자극이 많은 환경에서 또래에 비해 행동이 두드
러지기 때문이지요. 이 경우 소아정신과 의사 등 전문가에게 상담을 받
아보는 것이 좋습니다.

놀이공간에 장난감이 너무 많으면 자극이 과도해져요

아이가 특정 장소에서 산만하다면 그 이유를 찾아보세요. 어른들도 좋아하는 제품이 가득 있는 매장에서 쇼핑을 할 때는 금세 산만해져서 꼭 필요한 것만 사려던 처음의 목표를 아예 잊을 때가 있습니다. 아이역시 마찬가지입니다. 책상과 의자만 있는 진료실에서 아이들은 보통얌전히 있습니다. 하지만 그런 아이도 장난감이 가득한 장난감 가게에가면 눈빛이 반짝반짝 빛나면서 산만해집니다.

내 아이가 노는 공간을 살펴보세요. 아이의 공간에 장난감이 너무 많아 아이가 과도한 자극을 받는 것은 아닌가요? 다양한 장난감이 여기저기 산재해 있다면 아이는 당연히 산만해집니다.

장난감을 정리하는 방법을 바꿔보세요

집에서 아이 집중력을 높이는 연습을 시작해보세요. 아이의 집중력을 높이려면 장난감을 눈에 보이지 않도록 장이나 서랍 속에 넣어 정리하는 것이 좋습니다. 장난감을 종류별로 정리해두고 한 번에 한 가지씩

꺼내 놀도록 하면 산만함이 훨씬 줄어듭니다. 여러 박스에 나누어 넣되 비슷한 종류끼리 같은 색 박스에 넣는 것도 방법입니다.

한 번에 한 박스만 열어서 놀고, 다른 장난감을 가지고 놀고 싶을 때는 가지고 놀던 박스를 정리하고 다음 박스를 열게끔 하면 아이가 과도한 자극으로 인해 산만해지는 것을 줄여 집중력을 높일 수 있습니다.

집중력도 훈련입니다. 아이가 조금이라도 집중을 하면 칭찬을 해 아이의 집중력을 키워주세요.

아이가 한 가지 행동을 꾸준히 하거나 참고 집중하면 칭찬해주는 겁니다. 이때 시간의 기준은 나이 분, 나이만큼의 분입니다. 두 돌이라면 2분 이상, 세 돌이면 3분 이상 집중하면 잘하고 있는 것입니다. 이때 집중이란 게임이나 TV 시청 같은 것에 집중하는 게 아니라, 스스로 하는 놀이나 책 읽기에 몰입하는 것을 말합니다.

아이의 집중력을 키워주려면

1. 장난감 정리 박스나 서랍을 만들어 장난감별로 정리해주세요.
2. 아이가 놀 때 눈을 맞추고 "한 가지 놀이가 끝나면 정리하고 다른 것을 꺼내요."
   라고 말해줍니다.
3. 정리하는 습관이 들 때까지는 한 가지 놀이가 끝나면 정리하고 나서
   다른 장난감을 꺼내도록 아이의 놀이를 지켜보며 지도합니다.
4. 아이가 정리하는 방법을 모른다면, 정리를 놀이처럼 만들어 가르쳐주세요.
   예를 들어 '자동차는 빨간통, 블록은 노란통' 같이 노래를 만들어 부르며
   함께 정리하면 분류의 개념과 정리를 가르칠 수 있습니다.
5. 아이가 나이 분 이상으로 놀이에 집중했다면 "우리 민준이는 집중을
   참 잘하는구나." 하고 칭찬해주세요.

{ 밥이랑 야채를 안 먹어요 }

브로콜리 먹으면
초... 초콜렛 줄게...

초코?
꼭 줘야해!

다 너 좋자고 하는 건데...
왜 엄마가 사정사정해야 할까...

초코
초코~

하... 먹였다.
한 숟가락...

욱...
소리쳐.
말어.. 아!

아이 건강
챙기려다,
엄마 성질
다 버리겠네...

배부르다 해놓고...
과자배는
따로 있나

오물
오물

뭐라도
배만 채우면 되는 건가.
모르겠다 정말...

딸바보가
물었어

30개월 아이.

밥이랑 야채보다는 빵, 초콜릿, 과자만

먹으려고 해요.

굶겨서라도 밥을 먹어야 할지.

영양소만 골고루 섭취할 수 있게

신경쓰면 되는 건지.

고민입니다.

재촉하지 말고, 한 끼 덜 먹으면 다음 끼니 때
맛있게 먹으면 된다고 마음의 여유를 가지세요.
끼니를 거른 아이가 배가 고플 것이 걱정돼서 끼니 사이에
달콤한 과자를 주지 마세요.

간식부터 건강하게 시작해보세요

진료실에서 30개월쯤 된 아이가 칭얼거렸습니다. "아이가 배가 고픈가
봐요. 간식을 좀 줘도 될까요?" 아이 엄마가 물었습니다. 내가 좋다고
하자 엄마는 가방에서 반찬통을 꺼냈습니다. 통 안에는 미리 데쳐온 브
로콜리가 담겨 있었습니다. 아이는 브로콜리를 손에 들고 맛있게 먹었
습니다.

간식도 습관입니다. 달콤한 과자나 초콜릿, 아이스크림을 간식으로
먹은 아이는 브로콜리는 손대지 않습니다. 아이가 배가 고플 것 같아
아이에게 미리 과자를 먹이면 다음 식사 시간은 전쟁이 됩니다. 이미
단맛에 길이 든 아이에게 과자 대신 브로콜리를 먹이는 건 정말 꾸준
한 노력이 필요한 일입니다. 가장 좋은 것은 아이에게 애초에 단 과자
를 먹이지 않는 것입니다. 아이가 배가 고파 먹을 것을 찾을 때 건강한
간식을 주세요. 단 것, 부드러운 것, 술술 넘어가는 것, 인스턴트 음식처
럼 자극적인 음식 말고, 이로 씹어 먹을 수 있는 신선한 식품이 간식으

로 좋습니다. 아이라고 마냥 부드러운 것만 주지 말고 적당히 단단한 것을 주어야 합니다. 이로 씹는 것은 아이 두뇌 발달에도 좋고, 치아 건강에도 도움이 되기 때문이지요.

시간을 주고 여유를 가지세요

아이의 밥 시간이 전쟁이라면 무엇보다 즐거운 식사 시간을 만드는 데 신경 쓰세요. 아이가 한창 좋아하는 놀이에 빠져 있는데 갑자기 지금 당장 밥을 먹자고 하면, 밥상에 앉기도 전에 짜증부터 내겠죠. 늘 비슷한 시간에 정해진 장소에서 밥을 먹는 게 좋습니다. 식사 10~15분 전에 아이에게 "곧 밥 먹을 시간이야." 하고 알려줘서, 아이가 놀던 것, 하던 일을 정리할 여유를 줍니다.

　식사 중에는 억지로 입을 벌려 먹이지 말고, 자율적으로 먹고 싶은 만큼만 먹도록 해주세요. 재촉하지 말고, 한 끼 덜 먹으면 다음 끼니 때 맛있게 먹으면 된다고 마음의 여유를 가지세요. 물론 끼니를 거른 아이가 배가 고플 것이 걱정돼서 끼니 사이에 단 과자를 준다면 소용없습니다.

간혹 다른 아이들에 비해 유달리 입맛이 예민하고 입이 짧아서, 특정 음식만 먹고 나머지는 극심하게 거부해 부모님의 애를 태우는 아이들도 있습니다. 아이가 밥은 안 먹고 면이나 빵만 먹으려 한다면, 면이나 빵을 먹여도 된다는 생각으로 마음을 편히 가지시기 바랍니다. 서양에서는 주식이 면이나 빵이니까요. 아이를 윽박지르고 억지로 먹여서 아이가 식사 자체를 고역으로 느끼는 것보다는 그나마 먹는 걸 먹이면 됩니다. 대신 단 것, 튀긴 것보다는 건강한 빵을 제공해주세요. 빵을 먹일 때도 고기와 채소, 과일을 골고루 섭취할 수 있게 해 영양 균형을 맞춰주면 됩니다.

조리법을 바꿔보세요

채소를 잘 먹지 않는 아이의 경우 조리법을 바꿔 제공해주세요. 예컨대 연근 조림은 전혀 먹지 않는 아이도, 연근을 얇게 썰어 바삭하게 튀기면 과자처럼 잘 먹을 수 있습니다. 삶은 브로콜리를 통째로 먹지 않는 아이도 브로콜리 수프는 잘 먹을 수 있고요. 찐 감자는 싫어하더라도 감자전은 잘 먹을 수 있습니다. 아이가 식재료와 친해지기까지 엄마의 노력이 필요합니다.

아이가 정말 적게 먹는지 체크해보세요

또 한 가지 짚어볼 것이 있습니다. 진료실에 와서 "우리 아이가 적게 먹어서 고민이에요." 하는 엄마들의 하소연에도 불구하고 아이 키나 몸무게가 잘 늘고 있는 경우가 많습니다. 반면에 "우리 아이는 밥을 정말 잘 먹어요."라고 하지만 막상 측정해보면 몸무게가 늘지 않았거나 줄어 있는 경우도 있습니다.

아이의 먹는 것에 대한 엄마들의 말이 주관적일 때가 있습니다. 그러니 체중과 키를 재서 이전 측정치와 비교해보세요. 아이가 적게 먹어서 고민이라면 마음보다는 체중계를 더 믿으세요. 한 달에 한 번 체중을 재서 성장곡선상 지난달의 백분위수와 비교해보시기 바랍니다. 즐거운 식사 시간과 건강한 간식의 원칙만 잘 지킨다면 아이는 잘 자랄 것입니다.

특정 음식을 줄이고 싶다면

1. "초콜릿 먹으면 작은 벌레들이 이를 갉아 먹어요." 처럼 먹이고 싶지 않은 음식이 몸에 나쁜 이유를 설명하세요.

2. 덜 좋아하는 음식을 다 먹으면 좋아하는 음식을 먹도록 순서를 정해주세요.

3. 먹이고 싶지 않은 음식은 집에 두지 마세요.

특정 음식을 더 먹이고 싶다면

1. "브로콜리를 먹으면 튼튼해져서 더 빨리 뛸 수 있대." 처럼 먹이고 싶은 음식이 좋은 이유를 설명해주세요.

2. 먹이고 싶은 음식을 갈아서 다른 음식과 같이 섞어 먹이거나, 모양을 바꿔 조리해보세요. 또는 조리법을 바꿔보세요.

3. 먹이고 싶은 재료의 냄새, 감촉, 맛 등에 익숙해질 시간이 필요합니다. 당근이나 오이로 칼싸움을 할 수도 있고 브로콜리를 묶어 꽃다발을 만들 수도 있습니다. 먹이고 싶은 재료를 손질시키는 등 함께 요리를 하면 좋습니다.

{ 잠이 없는 아이 }

엄마가 야근하면....

아이도 야근한다.

벌써 시간이...
지금쯤은
자고 있으려나..

엄마를 기다렸는지

엄마, 엄마!
놀자! 놀자!

달달달

응?
안잤어?

놀아
놀아

너무 늦었는데
자야지..

놀이를 기다린 건지

하하,
잘그렸네!
엄마 옷 좀 갈아입고..

엄마도
그려!

그림 그리고

자야지, 이제..
졸려워 보여
헐, 다크서클 좀 봐..

엄마 다음은
인형놀이..

인형 놀이 하고

책 읽고 놀고 또 놀고

얼굴은 분명 졸린데

마음이 잠을 이긴다.

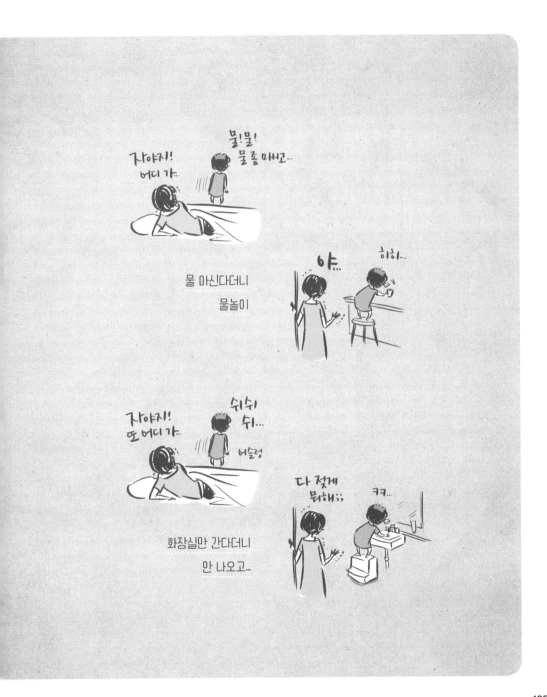

자장...

좀 자는가 싶더니

배고파..
밥 먹고 자면
안 돼..?

헐..

뜬금없이 밥을 달라고 하고

으... 이건..
한계다..

어휴. 진짜
뭐해! 안 자?
야!!

짝!
짝!

하루에 보는 시간이 얼마 되지도 않는데

엄마가 이젠
자야 된다고
몇 번 말했어!
자꾸 왜 그러는데!

엄마가 와서 계속
놀아줬잖아!
그만할 줄 알아야지!
네가 아기야?!
꽥 꽥 꽥~

으아앙~
안졸려워~

또 소리를 질러버렸다.

억지로 재우는 게
널 위한 걸까...

못 자더라도 놀아주는 게
널 위한 걸까...

미안해지게시리...
더 놀아줬어야
되는 거였나...
뭐가 맞는 건지...
에휴...

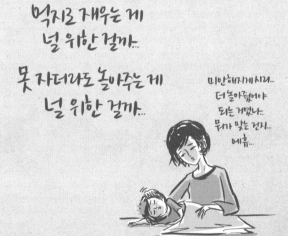

딸바보가
물었어

36개월 아이.

잠을 너무 늦게 자요. 저녁 먹고 나면 눈 비비면서도

방방 뛰어다닙니다.

불을 다 끄고 스탠드만 켜두어도 잠자리까지

장난감을 가지고 와서 놀고요.

잠들라치면 벌떡 일어나 엄마 물, 엄마 화장실….

매일 12시는 넘어서야 자요.

그것도 한 번은 울려야 해요.

안 울리고 지켜봤더니 새벽 3시까지도 놀더라고요.

주변에선 겁을 줘서라도 재우라 하는데 겁줘도 되나요?

아이의 잠은 습관과 환경이 가장 중요합니다.

같은 장소, 같은 시간, 같은 환경에서 잠들 수 있도록 해주고

잠자리에 들기 전에 반복하는 루틴을 만들어주세요.

왜 안 와..
엄마, 아빠랑
놀고 싶은데...

놀고 싶어서 안 자는 아이

아이는 놀고 싶어서 혹은 놀 거리가 많아서 안 자려고 합니다. 엄마, 아빠가 늦게 들어오면 아이는 부모와 놀고 싶어서 안 자고 기다리다가 엄마, 아빠가 돌아오면 그때부터 놀려고 합니다. 어른들도 너무 좋은 일이 있으면 잠이 안 오지요? 오랜 시간 부모를 기다리다 만난 아이 마음은 그보다 더 합니다.

너무 피곤해서 못 자는 아이

4~5세경까지는 너무 피곤해도 잠을 잘 자지 못합니다. 밤에 잘 재우려고 낮잠을 안 재우고 아이를 피곤하게 하면 아이는 저녁이 될수록 짜증만 많아지고 잠들기가 더 어렵습니다. 잠이 든 후에도 뒤척이거나,

수면 중에 심하게 우는 야경증 등으로 깊이 못 잘 수도 있습니다.

그리고 세 돌까지는 낮잠을 재우세요. 아이는 너무 피곤해도 잠을 못 잡니다. 대략 세 돌 무렵까지는 일정 시간에 낮잠을 재워야 밤에 쉽게 잠이 들고 푹 잡니다.

무서워서 못 자는 아이

악몽을 자주 꿔서 잠이 못 들 수도 있습니다. 또한 기질상 겁이 많은 아이의 경우, 상상력이 생기기 시작하면서 귀신, 유령 등이 나타날까 봐 두려워서 못 자는 경우도 있습니다. 부모가 큰 소리로 자주 싸워 아이를 불안하게 해도 쉽게 잠들지 못합니다.

잠자리가 불편해서 못 자는 아이

아이는 방안의 온도가 너무 덥거나 추운 경우, 혹은 잠자리가 바뀌어 불편하면 쉽게 잠들지 못합니다. 어른들의 생활이 불규칙하면 아이의 생활도 덩달아 불규칙해집니다. 부모의 귀가 시간이 늦거나 불규칙하면 아이는 일정한 시간에 잠드는 습관을 갖기 어렵습니다.

잠은 습관과 환경이 매우 중요합니다

같은 장소, 같은 시간, 같은 환경에서 매일 잠들 수 있도록 해주세요. 잠자리에 들기 전에 반복하는 수면 루틴을 만들어주세요. 세수하고, 양치질 하고, 잠옷 입고, 책을 읽고, 스탠드를 켜고, 작은 소리로 동요를 부르는 등 아이와 약속된 행동을 매일 반복하는 겁니다. 반복하다 보면 아이의 뇌가 이런 행동을 하면 잘 시간이라는 신호로 받아들여 쉽게 잠이 듭니다.

자려고만 하면 "엄마 물, 엄마 화장실, 엄마 배고파." 하며 들락거리는 아이에게도 수면 루틴이 효과가 좋습니다. 아이가 '물, 화장실, 배고파'를 말할 때 엄마들은 어쩔 수 없이 재우려던 아이를 일으켜 원하는 걸 해줍니다. 엄마도 아이가 진짜로 목이 마른지, 화장실이 가고 싶은지, 배가 고픈지, 아니면 자기 싫어 그냥 하는 말인지 확신이 없기 때문입니다. 평소 아이의 요청 사항을 루틴으로 만들어 잠자리에 들기 전에 물을 한 모금 마시고, 화장실에 가고, 배가 고픈지 점검하면, 아이가 잠들기 싫어 핑계를 대는 건지 엄마도 확신을 갖고 "그냥 자자." 이야기할 수 있겠지요.

수면 시간 미리 알려주기

한창 놀고 있는 아이에게 갑자기 자자고 하면 아이는 저항을 합니다. 시계를 보여주고, "바늘이 여기까지 가면 잘 시간이야." 하고 미리 알려주는 것도 좋습니다. 아이는 매일 잠잘 시간이 정해져 있다는 걸 알게 됩니다. 매일 비슷한 시간에 놀이를 마무리하게 하면 아이는 습관이 되어 쉽게 잠이 들 수 있습니다.

무서워하는 아이 곁에 함께 있어주세요

무서워하는 아이는 혼자 두지 마세요. 잠이 들면 사람은 완전 무방비 상태에 빠집니다. 그래서 안전하고 편안한 느낌이 있어야 쉽게 잠이 듭니다. 겁이 많은 아이는 잠이 들 때까지 곁에 있어주는 것이 좋습니다. 좋아하는 인형, 담요 등을 곁에 두어 안정감을 갖도록 돕는 것도 방법입니다. 아이가 잠을 자지 않는다고 겁주지 마세요. 겁먹고 불안한 아이는 잠을 못 잡니다. 잠자리에 누운 아이에게 "사랑해."라고 말하며 안아주세요. 잠들기 전 10분, 이 세상에서 가장 행복한 아이로 만들어주세요. 부모에게도 가장 행복한 순간이 될 것입니다.

아이가 왜 잠을 안 자는지 원인을 모를 땐 수면일기 쓰기

1. 아이의 수면과 관련된 것들을 매일 기록해주세요.
   아이가 몇 시에 어디서, 누구랑 잤는지, 무얼 하며 잤는지, 얼마 만에 잠이 들었는지 적어주세요.
2. 아이가 잠에서 깼을 때도 매일 기록해주세요.
   몇 시에 깼고, 어떤 상황에서 일어났는지, 아이 기분은 어떤지, 악몽을 꿨는지를 기록해주세요.
3. 수면 전후의 상황을 파악해서 최적의 환경을 찾아보고, 그에 맞춰 수면 루틴을 만들어주세요.

{ 아이씨 }

어느 날
너의 입에서 나온 말.

어디서 배웠니
누가 그런 말을 쓰니
하고 혼냈는데

어느 날 보니
내가 그렇게 말하고 있더라.

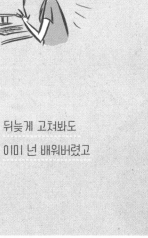

뒤늦게 고쳐봐도
이미 넌 배워버렸고

아이씨!!!

"O" 화날 때도

아이씨!

먹기 싫을 때도

아이씨...

맘대로 안 될 때도

어떻게 하면
고칠 수 있을까
너의 나쁜 습관...

아..
천사 같은
아이인데..
다 내 잘못이야.

나쁜 말이야, 예쁜 말 쓰자

그래도 통하지 않고

습관이라는 게 무서운 거지….

딸바보가
물었어

말이 늘기 시작한 22개월 아들이 자꾸 아이씨, 아이씨, 이럽니다.

처음엔 어디서 배워왔냐고 혼내기도 했는데 어느 날 보니

신랑도 저도 가끔이지만 무심결에 쓰고 있더라고요.

우리는 바로 고쳤지만 이미 아이가 배워버렸어요.

게다가 고집까지 생기는 시기라 맘대로 안 될 때는

뒤집어지며 아이씨!

먹기 싫으면 바닥에 집어던지고 아이씨! 해요.

처음에는 그건 나쁜 말이야, 예쁜 말 쓰자 했는데 매일 그러니

소리도 질렀다가 '이놈!'도 했다가 화도 냈다가 합니다.

어떻게 아이의 나쁜 말 습관을 고칠 수 있을까요.

먼저 부모가 나쁜 언어 습관을

아이에게 보이지 않는 것이 중요합니다.

만약 아이에게 나쁜 말 습관이 생겼다면

아이가 그 말 대신 쓸 수 있는 다른 말을 찾아서 알려주세요.

아이가 의미를 알고 쓰는지에 따라 대응이 달라야 합니다

확실한 한 가지는, 네 살 아이가 욕을 할 때 그 의미를 알고 하는 경우는 거의 없다는 것입니다. 아이는 어디서 들은 대로 따라하는 것뿐입니다. 그 정도로 어린 아이가 나쁜 말을 했을 때 어른들이 크게 화를 내면, 아이는 오히려 놀랄 수도 있습니다. 그저 "그런 말은 다른 사람의 마음을 상하게 하는 말이니 안 쓰는 게 좋겠어."라고 담담하게 설명하는 편이 좋습니다.

하지만 초등학교 4학년 아이가 욕을 한다면 그때는 엄하게 이야기할 필요가 있습니다. 초등학교 고학년 아이는 욕의 의미를 알고, 그것이 다른 사람들의 기분을 확실히 상하게 한다는 것도 잘 알고 있습니다. 아이의 나이에 따라 나쁜 말을 하는 이유도 다르고, 어른들의 대응 방법도 달라집니다.

대신 사용할 말을 가르쳐주세요

22개월이면 한창 자기 주장과 고집이 강해지는 시기입니다. 그러나 아직 말은 유창하지 않아서 두 단어를 겨우 연결해 말을 합니다. 주장을 다 펼치기에는 어휘가 터무니없이 부족하지요. 그래서 한정된 단어를 다방면에 사용합니다. 두 살배기 아이는 먹기 싫어도 "아니." 하기 싫어도 "아니." 보기 싫어도 "아니."를 외쳐댑니다.

  이 시기 아이의 "아이씨"에는 '싫다' '화난다' '짜증난다' 등 다양한 의미가 포함되어 있습니다. 그런데 아이에게 '아이씨'라는 말을 무조건 못 쓰게 하면, 아이는 주장을 펴기 위해 다르게라도 떼를 쓸 가능성이 높습니다. 무조건 못 쓰게 하지 말고 아이가 자기 의사를 잘 주장하고

표현할 수 있도록 도와주세요.

일단 "우리 지후가 먹기 싫었구나." "옷 입기 싫었구나." "못 하게 해서 화가 났구나." 등으로 아이 마음을 읽어주세요. 그 다음에 아이씨를 대신해 쓸 말을 알려주세요. 예를 들어, "아이씨 말고 '아니'라고 해야 해. 따라해봐. 아니." 그리고 아이가 "아니."라고 따라 말하면 크게 환호하고 박수를 치며 과장해서 관심을 보여주세요. 그 다음에도 아이가 '아이씨'라는 말을 할 때마다 교정해주고, '아니'라는 말로 표현하면 칭찬하며 관심을 주세요.

나쁜 말을 혼내기보다 예쁜 말을 칭찬해주세요

아이는 때론 나쁜 말을 해서라도 부모의 관심을 끌려고 할 때가 있습니다. 아이는 부모의 무관심이 제일 무섭습니다. 부모가 자기를 봐주지 않으면 저지레를 하고 나쁜 말을 해서라도 부모의 관심을 받고 상호작용을 하고 싶어 합니다. 평소에 아무리 예쁜 짓을 해도 관심을 보이지 않고 하던 일만 계속하던 부모가, 우연히 "아이씨."라고 하자 관심을 보인다면 아이는 그 다음부터 "아이씨."라고 하며 관심을 끌려고 합니다.

아이가 화가 나거나 속상한 일도 없는데 "아이씨." 하며 부모 눈치를 살핀다면 그때는 아이의 '아이씨'를 무시하는 것이 좋습니다. '아이씨'로 부모의 관심을 받을 수 없다는 것을 알면, '아이씨'라는 말을 사용하지 않을 것입니다. 평소에 아이에게 관심을 자주 보여주고, 나쁜 말보다 예쁜 말을 사용할 때 칭찬해주는 것이 좋습니다.

부모의 언어 습관이 중요합니다

무엇보다 중요한 것은 부모가 나쁜 언어 습관을 아이에게 보이지 않는 것입니다. 아이는 부모의 거울이라고 했지요. 아이를 보면 내가 보입니다. 무서운 일이지요. 그만큼 더 조심하는 수밖에 없습니다.

참을 수 없는 지루함

숨바꼭질을 하고

까꿍 놀이를 하고

술래잡기를 하고

이불 썰매를 태워줘도

계속 놀겠다며 때를 쓰는 너

밥을 먹을 때도

차를 탈 때도

잠깐 마트에 갈 때도

스마트폰이 있어야 하는 너

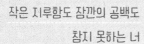

작은 지루함도 잠깐의 공백도
참지 못하는 너

정말 애들은 다 그런 걸까.
그럼 엄마는 맞춰줘야 하는 걸까.

18개월 아들. 말 그대로 조금도 지루한 걸 못 참아요.

밥 먹을 때 스마트폰이나 텔레비전, 아니면 사운드북이라도

꼭 앞에 있어야 해요. 숨바꼭질, 까꿍 놀이 땀 흘리며 해줘도

30분 남짓이면 저는 녹초가 되는데

곧바로 이불썰매를 태워달라고 다리 붙잡고 울어요.

숨바꼭질, 술래잡기, 이불썰매 다 하면

바로 신발장 앞에 서서 나가자고 성화입니다.

너무 힘들다 보니 눈물 찔끔 날 때도 있고

남편이 30분만 퇴근을 늦게 해도 화가 폭발해요.

저 어떻게 하면 좋을까요?

아이가 손을 많이 사용해서 조작하는 장난감을 가지고 놀도록 해주세요.
다양한 놀이를 보여주고 아이가 더 선호하고
흥미를 보이며 집중하는 놀이를 찾아보세요.

디지털 기기 대신 아이가 집중할 놀이감을 주세요

아이들은 놀이를 통해 운동, 언어, 사회, 인지, 감정 등 다양한 영역이 복합적으로 발달합니다. 특히 서툴러도 직접 장난감을 조작하며 놀게 되면 촉각, 시각, 청각 등이 다양하게 자극되고 몸과 뇌의 협응력이 발달하는 등 뇌 발달이 촉진됩니다.

　조작하며 노는 장난감에 비해 스마트폰, 텔레비전, 사운드북은 시각과 청각이 주로 자극됩니다. 아이가 과도한 시청각 자극에 길들여지면 직접 조작해야 하는 조용한 놀이를 시시하게 느낍니다. 과하게 달고 맛있는 불량식품을 맛본 아이가 심심하고 건강한 음식을 외면하는 것과 같은 이치입니다. 디지털 기기로 아이를 달래지 마세요. 디지털 기기로 아이를 놀게 하면 성장에 필요한 놀이와 학습이 힘들어질 수 있습니다.

　대신 아이가 손을 많이 사용해서 조작하는 장난감을 가지고 놀도록

해주세요. 18개월이면 별, 네모, 세모 등 도형을 끼우는 퍼즐과 블록 놀이를 할 수 있습니다. 점토나 모래를 가지고 노는 것도 촉감 자극에 좋아요. 자동차와 기차를 가지고 노는 것도 좋고, 인형 놀이와 소꿉놀이도 간단히 흉내 낼 수 있습니다. 차분히 앉아 혼자 조작해 기술을 익히고, 집중력과 창의력을 높이는 놀이를 할 수 있도록 환경을 조성해주세요.

아빠의 놀이와 엄마의 놀이를 구분해주세요

아프거나 배가 고플 땐 엄마를 찾지만 놀 때는 아빠를 찾는 아이가 많습니다. 아빠의 놀이는 훨씬 역동적이고 에너지 넘치며 재미있습니다. 아빠는 몸으로 놀아주는 경우가 많기 때문입니다. 아이들은 땀을 뻘뻘 흘리며 좋아합니다. 반면 엄마들의 놀이는 보다 차분하고 대화가 많습니다. 아이들은 아빠와 놀 때처럼 온몸으로 노는 걸 더 좋아하지만 엄마에게는 벅찬 면이 있습니다.

아이에게 엄마와 놀 때와 아빠와 놀 때를 구별해서 가르쳐주세요. 아이가 원하는 대로 놀아주다 보면 힘이 들어 그 외의 모든 일에 방해가 된다면, 숨바꼭질, 술래잡기, 이불썰매 같은 체력 소모가 큰 놀이는 아빠와 함께하는 거라고 하세요. "엄마는 힘이 약해서 못해. 힘센 아빠 오

148

면 하자. 엄마랑은 앉아서 놀자." 하고 알려주세요. 아이가 좋아하는 장난감을 주어 앉아서 노는 데 재미가 붙도록 도와주세요.

아이가 선호하는 놀이를 찾을 때까지 조금만 힘내세요

아이마다 선호하는 놀이가 다릅니다. 한두 가지 시도해보고 아이가 반응을 보이지 않는다고 해서 스마트폰을 쥐어주거나 앉아서 하는 놀이를 포기하지 마세요. 다양한 놀이를 보여주다 보면 아이가 흥미를 보이는 놀이를 찾을 수 있을 겁니다. 또래 아이들이 대부분 자동차를 좋아한다 해도, 우리 아이는 기차를 더 좋아할 수 있습니다. 아이가 스스로 흥미를 가지고 좀 더 오래 집중하고 몰입하는 놀이가 아이의 발달 수준이나 취향에 맞는 놀이입니다. 장난감을 선택할 수 있다면 아이가 좋아하는 캐릭터 장난감을 준비해주세요. 초반 호기심을 불러일으키는 데 도움이 됩니다.

{ 위험을 모르는 아이 }

겁을 모른다는 것

두려움을 모른다는 것

위험을 모른다는 것

좋은 것인 줄 알았는데

아빠는 무서워졌어.

그래서 피할 줄도 조심할 줄도
물러설 줄도 모르니까.

겁도, 두려움도, 소심함도
필요한 것들이었어.

그런 마음이
스스로를 보호하게 만들어주니까.

이제, 겁내는 법을 가르쳐주려 해.

네가 다치거나 상처 입지 않도록….

딸바보가
물었어

30개월 남자아이. 아이가 너무 겁이 없어요.

위험한 행동을 하는 아이 때문에 늘 맘 졸이고 살아요.

놀라서 소리 지르고, 잡으러 다니고,

하루 종일 노심초사하며 화내고 있어요.

아이들은 원래 호기심이 많고, 탐색하는 게 당연한 거라고

생각해봐도 우리 애는 평범한 수준이 아니에요.

보통 아이들은 궁금하면 관찰하고 건드려본 다음에

안전하다고 생각되면 조심스레 만지는데,

우리 아이는 그 과정이 없이 그냥 덥석덥석 잡아요.

외출은 되도록 안 하게 되고 이젠 뛰어다니다 넘어져도

'난 몰라' 하는 생각마저 들어요. 줄 묶어 다니는 건 필수입니다.

위험한 행동을 멈추지 않는 아이, 왜 그러는 걸까요?

어떻게 해야 위험을 가르칠 수 있을까요?

표정, 음성, 몸짓으로 아이에게 위험을 알려주세요.
그리고 아이에게 안전한 환경으로 만들어주는 것이
먼저입니다.

겁이 많아도 걱정, 없어도 걱정입니다

겁은 너무 많아도 문제, 너무 없어도 문제입니다. 아이는 경험을 통해 배우는데 겁이 너무 많은 아이는 새로운 시도를 안 하려고 드니 배움도 그만큼 덜하겠지요.

반대로 겁이 너무 없는 아이는 새로운 시도를 많이 해서 배움을 많이 쌓을 수 있지만 때로는 크게 다칠 수도 있습니다. 다치지 않고 아이가 배울 수 있는 환경과 기회를 만들어주는 것이 어른들이 할 일입니다.

아이들은 경험을 통해 배우며 한번 다치거나 놀라면 다음부터 비슷한 시도를 하지 않으려고 합니다. 예를 들어 뜨거운 냄비를 손으로 덥석 잡다 데인 경험이 있는 아이는 다음부터 냄비만 보면 겁을 냅니다. 냄비를 정확히 구별하지 못하는 아이는 냄비 비슷한 것만 봐도 지레

겁을 먹고 울기부터 할 수도 있지요. '자라 보고 놀란 가슴 솥뚜껑 보고 놀란다'는 속담은 아이들에게 특히 맞는 이야기입니다.

36개월 이전까진 반복해서 위험을 가르치세요

아이가 다치지 않으면서 세상을 배워가려면 부모의 역할이 절대적으로 중요합니다. 아이와 말이 통하면 말로 가르치면 되지요. 문제는 말이 제대로 통하기 전까지 시기입니다. 이 시기 아이들은 비언어적인 소통을 통해 위험을 배웁니다. 장황하게 말로 가르쳐봐도 효과가 없습니다. 이럴 때는 그냥 표정, 음성, 몸짓으로 위험에 대해 가르쳐주세요. 예를 들어 뜨거운 물에 손을 대려고 하면 엄마가 큰 소리로 "아야 아파!" 하면서 놀라고 아픈 표정을 지으며 아이에게 알려주는 것입니다. 때로는 가벼운 실습 통해 경험을 쌓게 할 수도 있습니다. 예를 들어 손이 데지 않을 정도의 뜨거운 냄비 뚜껑을 엄마가 만지면서 "앗 뜨거! 아파!" 하며 고통스러운 표정을 짓고 아이에게도 만져보도록 하는 것입니다.

안전한 환경을 만들어주세요

아이가 혼자 움직이기 시작하면 특히 안전한 환경을 만들어줘야 합니다. 사고는 눈 깜짝할 순간에 일어납니다. 미연에 방지하는 게 최선이지요. 계단 등 떨어질 수 있는 곳에는 안전문을 달아주세요. 뜨거운 것은 아이의 손에 닿지 않는 곳에 두고 프라이팬 손잡이는 가스레인지 안쪽으로 두어 아이가 손을 뻗어도 닿지 않도록 합니다. 깨지는 물건, 독성 물질이 포함된 것들 역시 아이 손에 닿지 않는 곳에 둡니다. 차를 탈 때는 아이를 안고 타서는 안 됩니다. 월령에 맞는 카시트를 장착해서 앉혀야 합니다. 아이를 안고 뜨거운 음식이나 음료는 먹지 않아야 합니다. 외출할 때에는 아이와 줄을 묶어 다니고 이름과 연락처를 담은 팔찌나 목걸이를 달아주세요.

유난히 위험한 행동을 반복하고 자주 다치는 아이라면

그런데 한 번 다친 뒤에도 똑같은 실수를 수차례 반복하는 아이가 있습니다. 장식장에 기어오르다 몇 번씩 떨어지고, 내리막길에서 늘 뛰어

내려가다 크게 다쳐서 부모 마음을 철렁이게 합니다.

36개월 이후, 의사소통이 원활한데도 불구하고 위험을 배우지 못하는 아이가 있습니다. 또래 아이들과 비교해서 걱정이 될 정도로 겁이 없다면 조심스럽게 ADHD, 자폐증, 지능저하 등까지도 의심해볼 수 있습니다. 이 경우라면 '아이가 자주 다치네' 생각만 하고 넘기지 마시고 소아정신과 의사를 만나 상담을 해보세요.

남자아이, 여자아이 구분 없이 3~5%가 ADHD 증세를 보이는데, 이 아이들은 충동 조절이 어렵습니다. 그래서 친구의 장난감이 궁금하면 일단 휙 빼앗고 보거나, 좋아하는 소방차가 지나간다고 도로로 불쑥 뛰어갑니다. 생각과 동시에 몸이 움직이죠. 그러다 보니 이 아이들은 자주 싸우고, 다치고, 혼이 납니다. 늘 부모님, 선생님 등 어른들께 꾸중을 듣다 보니 자존감도 낮아지고, 산만하니 또래에 비해 학습 기회 자체도 적습니다. 그러니 아이가 유난히 부주의하다면 의사와 상의해서 적절한 조치를 취하는 것이 아이 성장에 좋습니다.

{ 먹는 게 그렇게 좋니 }

뭘 주면 두 손 가득

먹을 때는 허겁지겁

먹어도 또 먹고 싶어 하고

언제나 다음 식사를 기다리지.

늘 먹는 이야기만 하는 너

괜찮은 걸까?

잘 먹는 건 좋은 거라지만
너무 잘 먹어서 무서워.

딸바보가
물었어

48개월 여자아이.

평일에는 유치원에 다녀오면 거의 외할머니가 봐줘요.

어렸을 때부터 식탐이 많고,

좋아하는 음식은 체할 것처럼 허겁지겁 먹습니다.

그러고 또 금세 배가 고프다고 끼니때만 기다려요.

솔직히 여자아이라 성조숙증도 좀 걱정되고,

소아비만도 좀 걱정되고요. 식탐 많은 아이 어떡하죠?

먹는 것을 좋아하는 아이와 무엇을 얼마나 먹을지 이야기해보세요.

건강한 식습관을 향한 아이의 선택을

지지하고 칭찬하고 응원해주세요.

아이가 진짜로 많이 먹고 있는 건가요

진료실에서 만나는 엄마들 가운데 많은 분들이 아이 먹는 것 때문에 걱정을 합니다. 아이가 너무 안 먹어도 걱정, 너무 많이 먹어도 걱정입니다. 너무 빨리 먹는다 싶으면 체하지는 않을까, 늘 먹을 것을 찾으면 소아비만이나 성조숙증이 생길까 봐 걱정이 됩니다.

그런데 그런 걱정 때문에 실제 현상을 객관적으로 보지 못할 수도 있습니다. 특히 아이가 먹는 것에 대해 엄마들은 객관적이기 어렵습니다. 그래서인지 엄마들의 주관적인 생각과 아이의 키와 몸무게로 나타나는 객관적인 수치 사이에는 상당한 차이가 있습니다. 엄마의 걱정과 달리 정상 범위 내에서 잘 자라고 있는 경우가 많거든요. 그래서 저는 적게 먹는 아이인지 지나치게 많이 먹는 아이인지 알기 위해 꼭 체중과 키를 재서 확인합니다.

아이가 너무 많이 먹는 것 같아 걱정이 된다면 먼저 아이의 성장 상태를 확인하세요. 체질량지수(BMI)를 계산해서 성장곡선과 비교해보세요. 85~94.9백분위수는 과체중, 95백분위수 이상 또는 체질량지수가 25 이상이면 비만입니다. 만약 과체중이나 비만이 아니라면 아이는 먹은 만큼 신체 활동을 통해 에너지를 소비하고 있습니다. 따라서 걱정하지 마시고 지금처럼만 먹이시면 됩니다. 만약 아이가 과체중이나 비만이라면 이렇게 해보세요.

BMI 계산하기

1. 검색창에서 'BMI 계산기'를 검색하시고, 나이와 키, 몸무게만 입력하면 체질량지수와 백분위수까지 알 수 있어요.
2. 직접 계산할 수도 있어요.
   체질량지수(BMI) 계산식 : 체중(kg)÷{키(m)×키(m)}
   아이 키가 98센티미터에 몸무게가 14킬로그램이라면,
   14÷(0.98×0.98)=약 14.6입니다.
3. 성장곡선은 질병관리본부 홈페이지에서 다운받을 수 있습니다.

칼로리 높은 음식을 치우고 아이와 메뉴를 규칙적으로 먹어요

음식도 견물생심이 생깁니다. 어른도 배고플 때 치킨이 바로 눈앞에 있
으면 못 본 척하기 힘듭니다. 집안 곳곳에 칼로리가 높은 과자나 빵, 아
이스크림, 튀긴 음식 등이 있으면 아이는 자꾸 그런 음식을 먹게 됩니
다. 그런 음식들은 아예 집에 두지 않는 것이 좋습니다.

　부모가 해줄 수 있는 가장 좋은 방법은 하루 세 끼 정해진 시간에 균
형 잡힌 식사를 할 수 있게 해주는 겁니다. 섬유질이 풍부한 야채와 과
일을 충분히 먹도록 하고, 당분이 많이 들어간 어린이 음료나 탄산음료
는 피하는 것이 좋습니다.

　식단을 정할 때, 부모가 일방적으로 메뉴를 정하기보다 아이와 대화
를 하면서 함께 정하는 것이 좋습니다. 자기 의견이 반영되면 건강한

음식도 좀 더 잘 먹게 되거든요. 새로운 음식을 시도해보고 다양한 음식을 먹을 수 있도록 식단을 짜보세요.

식사는 정해진 장소에서 먹도록 정해주세요. 영상을 보면서 간식을 먹으면 아무 생각 없이 과식을 하게 될 가능성이 높으니 삼가는 것이 좋습니다. 또한 아이가 적어도 하루 한 시간 이상 몸을 움직이며 활동할 수 있게 해주세요.

아이를 통제하는 데 집중하기보다 식습관을 교육해주세요

아이가 어릴 때는 무엇을 얼마나 먹을지를 부모가 정합니다. 부모는 나름 건강한 식단을 짜서 먹이고 아이도 주는 대로 먹지요. 그러나 아이가 자라면서 좋아하는 것과 싫어하는 게 생기고 먹는 시간과 양도 자신이 정하려고 합니다. 스스로 고르고 통제하려는 시도죠. 음식의 양과 종류를 선택할 수 있는 능력을 키우는 것도 아이에게 반드시 필요한 과정입니다. 따라서 부모는 아이가 되도록 좋은 선택을 할 수 있도록 교육시켜야 합니다.

아이가 스스로 음식을 고르고 적당한 양을 조절할 수 있어야 하는데, 부모가 지나치게 개입하면 아이는 통제력을 키울 기회를 갖기 힘듭니다. 부모가 지나치게 통제하면 아이는 엄마 몰래 먹거나 떼쓰고 졸라야 먹을 수 있습니다. 그런 일이 반복되면 먹는 것 자체에 죄책감을 느끼고 자존감도 낮아집니다.

아이 스스로 먹을 음식의 종류와 양을 선택하는 과정을 함께해주세요. 그리고 아이가 몸에 안 좋은 음식을 참을 때, 싫어하는 음식을 시도할 때 아낌없이 칭찬해주세요. 아이는 점차 자신의 선택에 자신감을 갖게 될 것입니다.

버려도 되나요

책상이 좁다고
식탁에서 그리지 말아줘.

돌멩이 정도는
버려도 되지 않겠니

네 방 가서 안 놀고
왜 여기서 이래!!

방에 놀 자리가 없다고
거실에서 놀지 말아줘.

169

네 방 꾸며주느라
얼마나 고생했는데

인형들에게 침대를 내어주고
엄마 침대로 오지 말아줘.

가지고 놀지도 않는 것들이잖아.

있는지조차 까먹었으면서
버리려 하면 소중하다고 하는 너

네가 잠들 때 버리는 수밖에…

38개월 아이.

아이가 자랄수록 쌓이는 장난감이나 어린이집에서 가져오는

자질구레한 종이 같은 것들이 늘어나고 돌멩이나 조개껍데기,

씨앗같이 아이가 주워오는 것들로 집이 너무 어지럽혀지더라고요.

좀 정리하고 안 가지고 노는 것들을 버리려고 하면

아이가 막 울어요. 아무것도 못 버리게 하는데,

버릴 만한 걸 골라보라고 해도 못 고르고 제가 버리면

그걸 다시 들고 오길 반복해요. 어떻게 보면 아이가

자기 나름대로 소중한 것들을 모아 놓은 것 같기도 한데

제가 막 버리면 안 될 것 같기도 해요.

그렇지만 가득 찬 물건들 때문에 아이 방에 놀 자리조차 없거든요.

아이가 자꾸 방에 자리가 없으니 거실에 나와서 놀더라고요.

버리지 못하는 건 성향인 것 같기도 해서

전부 존중해주지 않아도 될 것 같아서

아이 잘 때나 신경 안 쓸 때 몰래몰래 버리고 있습니다.

그런데 제가 이렇게 해도 되는 건지 궁금합니다.

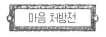
마음 처방전

버리는 것은 어려서부터 훈련을 받아야 하는 일입니다.

부모가 버릴 것을 결정해서 버리지 말고

가능한 한 아이와 상의해서 스스로 버리게 해주세요.

버리는 것은 어릴 때부터 훈련이 필요합니다

정리정돈은 버리는 것에서 시작합니다. 싫어도 버려야 하고 정리정돈을 해야 물건들이 제 기능을 하지요. 하지만 무언가 버리려면 누구나 짧든 길든 고민을 하기 마련입니다. 안 쓰던 것들도 막상 버리려면 아까운 생각이 듭니다. 물건을 버리면 왠지 그 물건에 깃든 추억마저 버리는 듯해 마음이 알알해질 때도 있습니다. 나중에 필요한데 없으면 어쩌나 불안하기도 합니다. 이런 마음들을 극복해야 잘 버릴 수 있습니다. 그리고 버리는 것도 어릴 때부터 훈련이 필요합니다. 어릴 때 이런 훈련을 해보지 못하면 어른이 되어서도 물건을 버리지 못하고 정리정돈을 어려워할 수 있습니다.

버리는 것을 가르쳐주세요

아이에게 잘 버리는 습관을 길러주고 싶다면 이렇게 해보세요.

첫째, 아이에게 설명하고 칭찬해주세요.

소유욕은 본능입니다. 내 것이 없어지는 것은 누구나 싫어합니다. 아이들도 내 것, 남의 것을 구별하기 시작하면 내 것에 대한 강한 소유욕을 보입니다. "이거 내 꺼야."라는 말을 입에 달고 살기도 합니다. 이런 소유욕을 극복하며 물건을 버리도록 하려면 설명과 칭찬이 필요합니다. 장난감을 버려야 새 장난감이 들어올 자리가 생긴다고 설명해주세요. 아이가 물건을 버렸을 때 아낌없이 칭찬을 해주세요.

둘째, 아이가 강하게 버리기를 거부하면 조금 더 시간을 주세요.

그런 물건은 안 보이는 곳에 두었다가 다시 꺼내서 아이에게 기회를 줄 수도 있습니다. 상대적으로 애착이 적은 것들, 버리기 쉬운 것들을 먼저 버리도록 해주세요. 무엇을 버릴지 아이가 스스로 정하도록 해주는 것도 필요합니다.

셋째, 범주화 능력을 키워주세요.

어린 아이들은 무엇을 버려야 하고 무엇을 남겨야 하는지 알지 못합니다. 어떤 것을 버려야 할지 구별하는 방법을 알려주세요. 망가진 것, 부품이 없어진 것, 다 쓴 것, 너무 더러워진 것처럼 버릴 것을 구별하도록 알려주세요.

무엇을 버릴지 아이와 꼭 상의해서 결정하세요

부모가 결정해서 버리지 마시고 되도록 아이와 상의해서 버리는 것이 좋습니다. 부모가 보기에는 정말 쓸모없는 것 같아도 아이에게는 소중한 것일 수 있답니다. 다 헤진 담요 한 장이 아이에게는 마음에 안정을 주는 중요한 대상일 수 있습니다. 아이는 물건을 버리며 많은 것들을 배웁니다. 버릴 물건과 남길 물건을 구별하면서 범주화하는 능력을 키웁니다. 무조건 자기 것을 고집하는 소유욕을 극복했을 때 합리적인 보상이 올 수 있다는 것을 배웁니다. 버릴 물건을 스스로 결정하며 자율성과 자기 유능감을 느낄 수 있습니다.

지금은 부모 마음대로 물건을 버리는 것이 더 쉬워 보일 수 있습니다. 하지만 조금 번거롭더라도 아이와 상의해서 아이가 물건을 버릴 수 있도록 가르쳐주세요. 물건을 버리며 아이는 또 성장하고 배울 것입니다.

{ 같은 책만 읽어요 }

책을 읽어요.

자기 전엔 꼭 책을 읽어요.

같은 책만 읽어요.

두 번 세 번 네 번
한 시간을 읽어요.

한 달 두 달 세 달
같은 책만 읽어요.

괜찮은 건가요.
아닌 것 같아요.
목이 아프고 지겨워요.

그런데 아이는 괜찮대요.
계속 읽고 싶대요.

그 좋은 책을 읽겠다는데

막을 수도 없고

맞춰줄 수도 없고

어떡하죠?

딸바보가
물었어

36개월 여자아이.

자기 전에 꼭 책을 읽고 싶어 해서 책을 읽어주고 있어요.

그런데 매일 같은 책 두 권을 읽어달라고 해요.

벌써 석 달째 밤마다 같은 책을 읽으니

저도 다른 책을 읽고 싶을 정도예요.

아이를 살살 꼬셔서 다른 책도 쥐어주지만

극구 평소 읽는 책을 읽어달라고 하니

할 수 없이 같은 책을 읽어줍니다.

아이가 같은 책을 석 달째 읽는 게 괜찮은 건가요?

아이에게 다른 책을 읽어주고 싶어요.

아이들은 어떤 것이든 반복하면서 발달에 필요한 것들을 익힙니다.

책을 읽을 때도 여러 번 읽으면서 다각도로 접근합니다.

한 문장씩 번갈아 읽거나, 아이에게 역할을 맡기거나 하는 등

같은 책을 새롭게 읽을 수 있도록 도와주세요.

아이들은 왜 같은 책을 여러 번 읽어 달라고 할까요?

사람의 뇌는 너무 익숙한 것이나 완전히 새로운 것보다는 약간 익숙한 것을 가장 좋아합니다. 어른도 마찬가지입니다. 너무 많이 들어서 식상한 노래, 혹은 처음 들어 생소한 노래보다 적당히 익숙한 노래가 편하게 들리는 경험을 해본 적이 있을 겁니다. 어느 날 문득 귀에 꽂힌 음악을 반복 재생해놓고 몇 번이고 들을 때도 있습니다. 책도 그렇습니다. 너무 많이 읽어 싫증난 책이나 처음 듣는 작가가 쓴 생소한 분야의 책보다 적당히 익숙한 책을 가장 좋아합니다.

반복한다는 건 긍정적인 신호입니다

아이들은 책을 읽으며 상상력을 키우고, 어휘력을 확장시키며, 다양한 정보를 축적합니다. 또한 등장인물들에게 감정 이입을 해 여러 입장이 되어보며 공감 능력을 키웁니다. 공감 능력 향상은 사회성 발달에 도움이 됩니다.

아이들은 누가 시키지 않아도 잘하지 못하는 걸음마도, 숟가락질도 무한 반복합니다. 아이들은 발달에 필요한 것은 스스로 무한 반복하며 마스터합니다. 반복이 학습의 왕도입니다.

책을 읽을 때도 아이들은 같은 책을 여러 번 읽으면서 그 책에 다각도로 접근합니다. 같은 책을 반복해서 읽으면 더 쉽게 어휘력이 늘어납니다. 매번 새로운 글자를 접하는 것보다 같은 글자를 반복해 접하다 보면 자연스레 한글을 익힐 수도 있습니다.

같은 책을 다양한 방법으로 읽어보세요

같은 책을 반복해서 읽더라도 다양한 방법으로 읽으면 책의 장점을 극대화할 수 있습니다. 아이가 같은 책을 반복해 읽을 때, 조금씩 방법을

달리해 읽어주세요. 아이의 수준에 맞춰 아이에게 역할을 부여해서, 해당 부분을 아이에게 맡길 수 있습니다.

이제 막 글자를 읽기 시작한 아이라면, 아이가 좋아하는 의성어 등 간단한 단어는 아이에게 읽으라고 합니다. 좀 더 글을 잘 읽을 수 있게 되면 주인공이 말하는 부분을 아이에게 읽으라고 할 수 있고, 부모와 한 문장씩 번갈아가며 읽을 수도 있습니다. 글을 읽는 게 능숙해지면 문단을 다 읽고 무슨 내용인지 설명해달라고 하세요. 단순히 글자를 따라 읽는 데서 벗어나, 의미를 이해하고 요약하는 능력도 자라게 됩니다.

등장인물의 감정을 이야기해보며 공감 능력을 키워요

아이의 공감 능력을 키우는 데는, 감정에 대한 대화를 나누는 게 가장 좋습니다. 책 속 등장인물의 감정에 대해 아이와 이야기를 나눠보세요. "애는 기분이 어땠을까?" "왜 그런 기분인 것 같아?" "그러면 어떻게 하는 게 좋을까?" 등 간단한 질문으로 아이가 등장인물 입장에 서서 생각해볼 기회를 만들어주세요.

아이에게 새 책을 고르고 친해질 기회를 주세요

새로운 책을 읽히고 싶다면 아이에게 맡겨보세요. 같은 식당이라도 내가 고른 메뉴를 상대도 모두 마음에 들어 하지는 않습니다. 도서관이나 서점에 데리고 가서 아이에게 여러 가지 책을 보여주고 직접 고르게 하세요.

아이에게 읽히고 싶은 책이 있더라도 아이에게 일단 보여만 주세요. 아이는 읽던 책이 싫증나면 자연히 새로운 책에 눈을 돌릴 것입니다. 그때까지는 아이에게 새 책을 소개하는 정도로 충분합니다. 아이가 새 책에 흥미를 느낄 때까지 기회를 주고 기다려주세요.

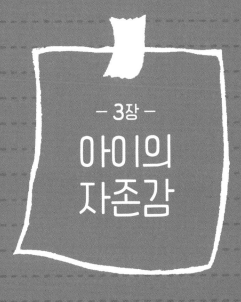

- 3장 -
아이의
자존감

[나는 못해]

그림을 그리다가 나를 부른다.

아빠,
단축가잘
안잠겨저...

천천히
해봐...

못해...
아빠는
잘하잖아...

단추를 잠그다가 나를 부른다.

지난번엔
잘했으면서...

아빠가
해주는 게 좋아.
헤헤.

김치를 집으려다 나를 부른다.

잘 하다가도 왜그럴까,

어리광을 부리고 싶은 걸까.

못해도 그냥 계속 하다 보면

결국 할 수 있게 될 거라

믿고는 있지만…

너무 쉽게 포기하는 40개월 아이.

할 수 있다고 응원해주는 것만으로

충분한 걸까요?

마음 처방전

아이의 감정을 감싸안아주세요.

늘 부모가 지켜보고 있다는 믿음,

언젠가 할 수 있다는 응원을 아이에게 보내주세요.

아이는 부모의 믿음을 마음에 품고

자신감 넘치는 아이로 자라납니다.

아빠가날
안 사랑하나

같이
해주지도 않고...

아이는 엄마 아빠의 사랑을 확인하며 자라요

아이가 못한다고 하는 데는 여러 의미가 있습니다. 그 가운데 하나는 부모의 사랑을 확인하고자 하는 욕구입니다. 부모의 사랑을 느끼고 확인하고 싶어서 괜히 부모에게 해달라고 할 수 있습니다.

　늘 자기가 하겠다고 해서 마음 급한 부모의 애를 태우던 아이가 어느 날 문득 "난 못해. 엄마가 해줘."라고 말하는 것은, 바로 그런 부모의 사랑을 느끼고 싶기 때문입니다. 숟가락질, 단추 채우기 같은 것들은 연습하면 얼마든지 잘할 수 있습니다. 그런 걸 연습시키기 위해 부모의 사랑을 확인하고 싶은 아이의 마음을 무시하지 마세요. 아이가 원하면 모른 척하고 도와주면 됩니다. 아이는 부모의 사랑을 확인하고, 그 사랑을 바탕으로 쑥쑥 클 것입니다.

아이는 매일 새로운 것을 배웁니다. 그리고 배운 것을 숙달할 때까지 연습을 합니다. 뒤뚱뒤뚱 걷기 시작한 아이는 잘 걷기 위해 셀 수 없이 넘어집니다. 누가 시킨 것도 아닌데 아이는 사방을 돌아다니며 걷는 것을 연습합니다. 지치지만 않으면 아이는 배운 것을 무한 반복 연습합니다. 잘 걷던 아이가 안아달라고 할 때는 정말 피곤할 때입니다. 가끔은 어른도 쉬고 싶을 때가 있지 않나요? 그럴 때 "그래 너 많이 애썼다. 내 곁에서 잠시 쉬렴."이라고 말해줄 사람이 있다면 참 좋을 것입니다. 아이에게 부모란 그런 존재입니다.

정말 어려운 일일 수도 있어요

아이가 못한다고 하는 또 다른 이유는 정말 자신이 없을 때입니다. 너무 쉬운 것은 도움 없이도 아이 혼자 합니다. 하지만 너무 어려운 것은 부모가 처음부터 끝까지 도와줘야 가능합니다. 겨우 걷는 아이에게 두 발 자전거 타는 법을 가르친다고 생각해보세요. 아이를 자전거 위에 앉히고 처음부터 끝까지 부모가 자전거를 잡고 있어야 합니다. 그러나 그

이웃은 너무 어려워...
단추구멍이 너무 작남아

아이가 조금 더 크면 부모가 처음만 조금 잡아주면 됩니다. 아이가 스스로 중심을 잡아 자전거 타는 법을 익힐 테니까요. 이때가 비로소 제대로 두 발 자전거를 배울 때입니다. 아이가 자꾸 못한다고 할 때는 혹시 너무 어려운 것을 요구한 것은 아닌지 살펴보세요, 부모가 아주 조금 도와주면 해낼 때가 아이를 가르칠 적당한 때입니다.

겁이 많은 아이라면 조금씩 단계를 끌어올리며 응원해주세요

기질상 겁이 많은 아이들도 있습니다. 이 아이들은 또래들은 쉽게 하는 것도 못한다고 망설여서 부모를 걱정시킵니다. 그네를 타는 친구를 물끄러미 바라보다가 엄마가 "그네 타볼래?" 하면 바로 "난 못 타."라고 말하는 아이. 부모들은 '우리 아이는 왜 이렇게 늦될까? 왜 해보지도 않고 못한다고 말부터 하는 걸까?' 생각하곤 합니다.

겁이 많은 아이의 경우 매사가 두렵습니다. 하지만 아이라고 두려운 게 좋을 리 없습니다. 겁이 많고 조심스러운 기질은 아이가 선택한 게

아닙니다. 타고난 것입니다.

그런데 타고난 기질이라도 부모의 양육 태도에 따라 변화합니다. 부모가 아이의 감정을 늘 예민하게 읽고, 아이가 두려움을 느끼는 순간 다독여주고 이끌어주면 아이는 점차 용기를 냅니다. 친구가 그네를 타는 것을 부러운 눈으로 보지만 쉽사리 근처에 가지 못하는 아이의 손을 잡고 "엄마랑 같이 그네로 가볼까?" 부드럽게 이끌어주세요. 함께 빈 그네를 만져보고 손으로 살살 밀어보다 아이에게 호기심이 떠오르면 "한번 앉아볼래?" 조심스레 이야기합니다. 그리고 그네와 아이 몸을 단단히 잡고 살살 밀어주며 "잘 타네. 멋지다." 다독여주세요. 조금씩 단계를 끌어올리며 매 순간을 응원하는 것이 부모의 역할입니다.

아이가 불안을 스스로 벗어날 수 있도록 지켜봐주세요

겁이 많은 아이에게 아무렇지도 않은 일처럼 느끼게 하고자 "하나도 무서운 거 아니야. 씩씩한 아이는 할 수 있어!"라고 이야기하는 것은 아

이의 불안감을 더 키울 뿐입니다. 아이에게는 충분히 불안해하고 불안에서 스스로 벗어나는 경험이 필요한데, 누군가에게 떠밀려 불안을 억누르는 건 좋지 않습니다.

아이의 감정을 감싸안아주세요. 늘 부모가 지켜보고 있다는 믿음, 언젠가 할 수 있다는 응원을 아이에게 보내주세요. 아이는 부모의 믿음을 마음에 품고 자신감 넘치는 아이로 자라납니다.

{ 과격한 아이 }

왜 자동차 문을 빼버리니.

왜 로봇 팔을 잡아당기니.

왜 친구가 애써 만든
블록을 부수니.

왜 인형 눈을 빼는 거니.

너에게 만들기 시간은

부수기 시간

장난감은 모으는 게 아니라

망가뜨리는 것.

색종이는 접기보다 찢고

클레이는 뭉치기보다

밟아버리는 너.

혼내도 빼앗아봐도 그때뿐이고

이대로 너의 즐거움을
지켜봐줘야 하는 걸까.

딸바보가
물었어

40개월 남자아이.

장난감을 과격하게 가지고 놀아요.

집에 멀쩡한 자동차 장난감이 없고,

로봇 팔다리도 한두 개는 다 떨어져 있죠.

북은 너덜너덜 찢어져 있고

유치원 만들기 시간에도 수수깡으로

뭘 만들기보다는 똑똑 부러뜨리고 색종이도 찢고

구기기 더 바쁘네요.

원래 남자아이는 다 이런가요?

아이의 모든 놀이 과정은 발달에 중요한 의미가 있습니다.

과격해 보인다면 안전을 위한 몇 가지 규칙을 정해주고

마음껏 놀이에 몰입할 수 있게 해주세요.

아이가 행복한 놀이가 가장 좋은 놀이에요

서울 시청 앞에는 바닥 분수가 있습니다. 여름이 되면 이 바닥 분수 광장에 아이들이 모여 춤을 춥니다. 일부러 춤을 추는 게 아닌데 손과 발로 물줄기를 막고 차고 하다 보면 저절로 춤이 되는 그런 분수입니다. 잠시 놀아도 온몸이 물에 젖습니다. 옷이 흠뻑 젖어도 아이들은 상관하지 않습니다. 그저 깔깔깔 흥에 겨워 그 순간을 즐길 뿐이지요.

만약 아이에게 비싼 옷을 입힌 부모라면 질색을 하겠지요. 옷이 망가질까 분수대에 못 들어가게 할 수도 있습니다. 다른 애들이 노는 것을 바라만 봐야 하는 비싸고 좋은 옷을 입은 아이와 옷이 망가질 염려 없이 분수대에서 마음껏 뛰노는 값싼 옷을 입은 아이 중 누가 행복할까요?

장난감도 마찬가지입니다. 비싸고 좋은 장난감을 조심조심 가지고 노는 것보다 싸고 망가져도 상관없는 장난감을 신나게 가지고 노는 아이가 더 행복하지요. 문제는 비싼 장난감을 아이에게 주고는 망가질까 노심초사하고, 아이의 놀이를 이리저리 제한하는 부모입니다.

아이에게 놀이는 모두 의미가 있습니다

아이들은 놀면서 스트레스를 해소하고 호기심을 충족합니다. 내 손과 발에 따라 물줄기가 여기저기 흩어지는 것을 보며 나의 존재감과 효능감을 만끽합니다. 내가 만든 스토리로 제작자, 감독, 배우 1인 3역으로 역할놀이를 하며 자율성, 창조력을 키웁니다. 자기 마음대로 찢고 구기며 자기 효능감과 존재감, 나아가 자존감이 자랍니다. 손과 몸을 쓰면 뇌가 발달하는 것은 물론입니다. 결과만 중요시하는 어른들에게는 말도 안 되는 스토리에, 시시한 행동처럼 보일지 몰라도 아이들의 놀이는 모두 의미가 있습니다.

꼭 수수깡으로 뭘 만들어야 하나요? 아이는 손으로 수수깡을 이리저리 부러뜨리며 수수깡의 물리적 성질을 탐구하고 있어요. 누가 시키는 대로 하는 것이 아니라 내 마음대로 부러뜨리며 자율성, 자발성, 자존감이 자랍니다. 열심히 쌓은 탑을 와르르 무너뜨리며 깔깔거리는 아이는 자신의 유능감, 존재감을 확인하고 스트레스를 푸는 중입니다. 어른처럼 결과에 집착하고 틀에 박힌 놀이만 한다면 아이들의 창조력과 자율성 발달은 기대하기 어렵습니다.

마음껏 부수고 분해해볼 수 있게 해주세요

망가질까 봐 걱정이라면 비싼 장난감을 사주지 마세요. 망가져도 신경 안 쓰일 저렴한 장난감이나 중고 장난감을 주세요. 고장 난 장난감, 시계, 라디오 같은 걸 주는 것도 좋아요. 아이는 부수고 분해하며 호기심을 풀고, 재료마다 각각 다른 물리적 특성을 배웁니다. 아이가 열심히 쌓은 탑을 와르르 무너뜨리며 즐거워하면 박수를 치며 아이의 흥을 돋우어 주세요. 아이가 원한다면 다시 탑을 쌓는 것을 도와주며 몇 번이고 탑 무너뜨리기 놀이를 같이 해주세요.

친구 것은 망가트리면 안 된다는 걸 가르쳐주세요

그러나 다른 아이가 열심히 쌓은 블록을 무너뜨리거나 망가트리면 안되겠지요. 속상한 친구와 싸움이 날 수도 있고 친구가 함께 놀기를 꺼릴 수도 있습니다. "네가 만든 것만 무너뜨리는 거야. 다른 친구가 만든건 무너뜨리면 안 돼. 다른 애가 싫어하고 안 놀아줄 거야." 하고 알려주세요.

던지며 노는 걸 좋아한다면 다치지 않게 신경 써주세요

아이들은 장난감을 던지며 노는 것도 좋아합니다. 물건을 던지고 받는것도 숙련이 필요한 활동입니다. 무조건 나쁜 게 아닙니다. 아이는 물건을 던지면서 스트레스도 품니다. 다만 장난감을 던져서 다칠 수 있으

니 깨질 만한 것은 사전에 치워두세요. 단단하고 위험한 장난감은 던지지 못하도록 미리 제한하세요. 40개월이면 은유적인 비유를 이해할 나이이니 "던지면 그 장난감이 아프대. 그러니 그 장난감은 던지지 말자."라고 평소에 이야기해주고, 가볍고 물렁거리는 공이나 봉제 인형처럼 던져도 되는 장난감과 장소를 미리 정해주세요. 실외에서 놀이할 때 고무공을 주고받는 놀이를 하는 것도 좋습니다.

어른의 눈으로 아이의 놀이를 보지 마세요. 놀이는 결과가 아니라 과정입니다. 결과물만 중시하는 어른의 눈에 아이들 놀이가 아무 의미 없어 보이지만 모든 놀이 과정이 아이 발달에 중요한 의미가 있답니다. 아이는 놀면서 쑥쑥 성장할 수 있도록 안전을 위한 몇 가지 규칙만 정해주시고 마음껏 놀이에 몰입하도록 해주세요.

아이에게는 모든 게 중요한 놀이

1. 고장난 장난감, 라디오 같은 것으로 아이가 스스로 분해하고 조립하는 과정을 지켜봐주세요.
2. 던지기가 마냥 나쁜 것이 아니니 던지며 놀거리를 정해주고 장소를 지정해주세요.
3. 놀이에 필요한 규칙만 정해주고, 마음껏 놀 수 있도록 도와주세요.
   쑥쑥 자란 아이들은 나중에 학교든 직장이든 쉽게 그만두는 일은 없을 겁니다.

꼬마 몽상가

처음엔 진짜인 줄 알았다.

수족관엔 간 적이 없다는
선생님의 말을 듣고
뒤늦게 알게 된 아이의 거짓말.

아빠
빠빠~

그래.. 씩씩하게
잘 놀고...
잘할 수 있지?

· · · ·

걱정하는 나를
달래주려고 했던 걸까.

히히~
어흥~

즐거웠다고
행복했다고
재미있는 일만 가득 했다고

어느 순간부터 아이는
자꾸만 말을 지어낸다.

딸바보가
물었어

36개월 아이.

자꾸 일어나지 않은 일을 했다고 말해요.

"그렇구나." 하고 맞장구를 쳐줘야 할지.

거짓말하지 말라고 잡아줘야 할지

어떻게 대해야 할지 모르겠어요.

아이는 엄마랑 아빠랑 기차를 타고
수영장에 갔었다고 '상상'할 수 있습니다.
다만 그걸 '상상'이라고 한다고
아이에게 가르쳐주어야 합니다.

아이의 생각과 상상력이 자라고 있어요

아이가 말을 배우기 시작하면 부모는 당황할 일들이 많습니다. 아이들은 가끔 지나치게 솔직해 어른들을 당황시킵니다. 식당 옆 테이블에 앉은 할머니를 보고 "할머니는 얼굴이 왜 그렇게 쪼글쪼글해요?"라고 말해 당황시키고, 엘리베이터에서 만난 이웃집 아저씨를 보고 "엄마! 저 아저씨는 머리카락이 없어요!"라고 큰 소리로 말해 엘리베이터 공기를 싸하게 얼려놓습니다.

아이가 솔직한 건 당연한 일이지만 '우리 아이만 유독 눈치가 없는 거 아닐까?' 부모들은 한 번쯤 고민을 합니다.

반대로 수족관에 가지 않았는데, 다른 사람들 앞에서 "엄마랑 유치원에서 수족관 가서 커다란 고래를 봤어." 한 번도 때린 적 없는데 "엄마가 머리 콩 때려서 아팠어요." 기차를 타본 적 없는데 "엄마랑 아빠랑 유민이랑 기차 타고 수영장 갔지."라고 말하는 것도 당황스럽습니다. 그냥 두자니 아이의 말 지어내기가 확장될 것 같고, 바로 잡자니 아이의 상상력을 깨는 것 같고요. 때론 대책 없이 솔직하고, 때론 상상 속에 빠져 있는 아이에게 동심이라 여기고 그냥 두어도 좋을지, 바로 잡아주어야 맞는 건지 갈팡질팡합니다.

아이의 언어가 발달한다는 것은 단순히 언어를 구사하는 능력만 발달하는 것이 아닙니다. 아이의 사고도 이제 막 자라기 시작하는 단계입니다. 아이로서는 아직 어떤 생각은 입 밖으로 이야기를 하고, 어떤 생각은 머릿속에 남겨두어야 하는지 모릅니다.

말 고르는 법을 배워나갑니다

솔직한 게 무조건 좋은 게 아닌 것처럼, 아이의 말 지어내기가 무조건 나쁜 건 아닙니다. 세상을 잘 살아가기 위해, 때론 머릿속 생각을 감추기도 하고 적절하게 말을 지어내기도 해야 합니다. 붐비는 지하철에서 발을 살짝 밟히고도 "괜찮아요."라고 말하고, 연로한 어머니께 "오늘은 더 젊어 보이세요."라고 말할 수 있는 것처럼 말이죠.

말 고르는 법은 하루아침에 배울 수 없습니다. 지나치게 솔직하고 상상 속 이야기를 사실처럼 이야기하던 동심 속의 아이들은 아직 말 고르는 법을 모릅니다. 갓 배워 신나게 말하는 아이들은 생각나는 대로 이야기하지만 부모의 교육과 반복되는 연습을 통해 말 고르는 법을 배워나갈 겁니다. 상황에 맞는 이야기를 하는 능력, 말 고르는 능력은 눈치와 함께 자랍니다. 혼자 산다면 필요하지 않은 것이 눈치입니다. 다른 사람의 입장과 마음을 헤아리고, 상황을 이해하는 능력이 생기면서 눈치도 자랍니다. 그러면서 아이들은 할 말과 안 할 말을 서서히 가리게 됩니다.

아이의 상상력을 확장시켜주세요

그런데 아이 놀이를 관찰하다 보면 흔히 이런 상황이 펼쳐집니다. 아이가 나무 블록을 가지고 놉니다. 집과 차를 만드는가 싶더니 갑자기 파란 나무 블록이 악당이 되어 만들어놓은 집을 공격합니다. 좋은 사람인 노란 나무 블록이 나타나 파란 나무 블록 악당에게 외칩니다. "용서하지 않겠다!" 그리고 노란 나무 블록이 파란 나무 블록을 물리칩니다. 이를 보던 엄마가 간섭을 합니다. "나무 블록이 어떻게 말을 하니?" 신나던 놀이의 흥이 깨지는 순간입니다.

아이가 정말 나무 블록이 말을 할 수 있다고 믿었을까요? 아이들의 상상력은 풍부합니다. 그렇다고 해서 평생 현실과 상상을 헷갈리지는 않습니다. 24~30개월쯤 아이는 현실과 상상을 잘 구분하지 못해서 돌부리에 걸려 넘어지면 돌부리가 넘어뜨렸다고도 여기지만, 대략 36개월 이후부터는 점차 현실감이 생기면서 돌부리는 자신이 피해야 한다는 것, 사람은 하늘을 날 수 없다는 것을 알아갑니다.

어린 아이의 상상력은 반길 만한 일이고, 상상력이 풍부한 아이들이 현실감이나 문제 해결력이 더 좋다는 연구 결과들도 많습니다. 아이의 두뇌는 상상의 나래를 펼치며 쑥쑥 커갑니다. 문제는 부모입니다. 아이들의 상상력을 황당해하며 불쑥 현실을 들이밉니다. 아이들을 현실에 주저앉히는 부모의 행동은 아이의 성장을 방해합니다.

말하는 방식만 가르쳐주면 됩니다

이 시기 부모가 해야 할 것은, 아이의 생각을 조절하는 게 아니라 말하는 방식을 가르치는 것입니다. 누구나 할머니 피부가 쪼글거린다고 생각할 수 있습니다. 다만 콕 집어 말하는 건 좋지 않다는 것은 가르쳐야 합니다. 아이는 엄마랑 아빠랑 기차를 타고 수영장에 갔었다고 '상상' 할 수 있습니다. 다만 그걸 '상상'이라고 한다고 아이에게 가르쳐주어야 합니다.

"수족관에서 커어다란 고래를 봤어."

"고래가 어땠어?"

"정말 컸어. 고래가 (손으로 허공을 휘저으며) 이러어케 수영을 했어."

"커어다란 고래 보는 '생각'을 했구나. 정말 멋있었겠다."

'생각'이라는 말로 상상과 현실을 구분해주세요. "응 멋진 생각이지?" 라며 아이가 부모의 말에 수긍하면 아이는 현실로 돌아올 준비가 된

것입니다. 그러나 "아니야. 정말 봤다니까!"라고 말한다면 아이는 아직 상상 속에 있습니다. 준비가 안 된 아이를 굳이 억지로 현실로 끌어올 필요는 없습니다. 조금 더 기다리면 아이는 현실로 돌아옵니다.

나이가 더 들어 초등학교에 들어가서도 상상 속 이야기를 현실처럼 한다면 그때는 아이에게 이렇게 이야기해주세요. "엄마는 유민이 이야기를 믿는데, 다른 사람들이 너를 거짓말쟁이로 생각할까 봐 걱정돼. 다음에는 엄마에게만 이야기해줘."

아이 눈높이에 맞춰 말하는 상대를 고려해 말을 고르는 능력을 키워 주세요. 아이는 자랄수록 상대방을 고려해서 말을 고를 수 있게 될 것 입니다.

꼬마 몽상가와 이렇게 대화해보세요

1. "사자가 진짜 멋있었구나!"라고 아이의 상상을 인정해주세요.
2. "동물원에는 뭐가 더 있을 것 같아?" 등의 질문과 대화를 통해 아이의 상상력을 확장시켜주세요.
3. "동물원에 진짜로 가는 것과 생각으로 가는 것은 달라요. 하늘을 나는 생각을 하면 기분이 좋지? 하지만 생각한다고 정말 하늘을 날 수는 없는 거야." 같은 말로 상상과 현실의 차이를 이야기해주세요.

{ 아이의 잘난 척 }

너도 엄마가 데리러 와줬다면…

엄마가 다른 엄마와 친했다면…

다른 애들처럼 친구를
자주 초대해줬다면…

네가 친구를 어떻게
대하는지를 알았다면…

이렇게 잘난 척하는 아이가
되지 않았을까.

친구에게도 미안하고
너에게도 미안해.

네가 이런 행동을 하는 걸
이제야 알아서….

지금부터라도 우리,
같이 고쳐나가쟤

45개월 아이. 제가 워킹맘이라 평일에 아이를 친구들과

만나게 해주기가 어렵거든요. 그래서 주말이라도

어린이집 친구들에게 연락해서 저희 집에 놀러오라고 합니다.

그런데 아이가 친구들에게 너무 자랑을 많이 해요.

나 이것도 있다. 저것도 있다 하면서 자랑해놓고 오히려

못 가지고 놀게 하는데 친구 엄마 보기가 민망하더라고요.

원래 이맘때 아이들이 이런 성향이 있는 건지 아니면

우리 아이가 유독 잘난 척이 심한 건지 고민이 됩니다.

제가 "자랑하는 건 좋은 게 아니야, 그리고 자랑했으면

그걸 친구에게도 가지고 놀 수 있게 해줘야지."라고

이야기해줘도 계속 그러더라고요. 아이가 왜 이러는 걸까요?

아직 어려서 그런다 생각하고 그대로 두려니

친구가 저희 집에 놀러오지 않을 거 같고, 고민이 됩니다.

아이가 자랑하는 건 관심을 받고 싶다는 의사 표현입니다.

아이의 자존감을 높일 수 있도록

'너인 것으로 충분하다'는 메시지를 전해주시고,

공감 능력을 키워주세요.

아이의 자랑은 인정받고 싶은 욕구입니다

혼자서는 자랑할 맛이 안 나지요. 자랑을 들어줄 상대방이 있어야 합니다. 자랑은 다른 사람의 인정과 관심을 받고 싶어 하는 행동입니다. 어린 아이들은 인정과 관심을 받으며 자존감을 키워갑니다. 초등학교 들어가기 전의 아이라면 마음껏 칭찬하고 관심을 보여주세요. 아이의 인정받고 싶은 욕구를 충족시켜주세요. "○○는 뭘 가지고 있어 정말 좋구나, 자랑하고 싶구나." 이렇게요.

아이가 잘난 척을 한다면 공감 능력을 키워주세요

건강한 자랑과 잘난 척의 차이점은 공감 능력에 있습니다. 공감 능력이 없는 아이는 다른 아이들에게 상처가 되는 것도 모르고 막무가내로 자랑을 합니다. 자랑으로 인해 주변의 누군가가 상처를 받을 때 자랑은 잘난 척이 되고 부메랑처럼 자신에게 화살이 되어 돌아옵니다. 지나치게 자랑하는 아이, 잘난 척하는 아이는 곧 다른 아이들의 배척을 받고 따돌림을 당할 수 있습니다.

공감 능력은 두 가지가 있습니다. 감정적인 공감 능력과 인지적인 공감 능력이지요.

우리의 뇌에 있는 거울신경세포는 상대방의 얼굴 표정만 보고 그 사람의 감정을 그대로 느끼도록 도와줍니다. 달리 설명을 하거나 가르치지 않아도 슬퍼하는 사람의 표정만으로 우리는 그 사람의 감정을 그대로 공감할 수 있습니다. 이것이 감정적인 공감 능력이고 누가 가르치지 않아도 타고나는 경우가 대부분입니다.

　한편 인지적인 공감 능력은 훈련에 의해 개발이 됩니다. 인지적인 공감 능력은 다른 사람의 입장을 생각하고 이해해서 그 사람의 감정을 공감하는 능력을 말합니다. 경험이 많고 생각의 폭이 넓어질수록 인지적인 공감 능력도 커 갑니다. 아이가 인지적인 공감 능력을 키워갈 수 있도록 부모님이 도와주셔야 합니다.

　"친구가 자랑하면서 보여주기만 하고 놀지는 못하게 하면 넌 기분이 어떨까?" 이런 식으로 다른 사람의 입장이 되어 생각할 기회를 만들어 주세요. 반복해서 알려주면 아이는 점차 다른 사람의 입장에 대한 이해의 폭이 넓어지고 공감 능력이 자라나게 됩니다. 그러면서 자랑을 절제하는 힘이 생기게 됩니다. 공감 능력이 커가면서 점차 막무가내 자기 자랑이 겸손함으로 바뀔 수도 있습니다.

자존감이 낮으면 적절하게 자신을 내세우기 어렵습니다

자존감이 높은 아이는 스스로 괜찮은 사람이라 여기기 때문에 굳이 다른 사람의 칭찬이나 관심을 갈구하지 않습니다. 그러나 자존감이 낮은 아이는 주변의 관심과 칭찬에 의존해서 스스로의 가치를 판단하기 때문에 늘 주변의 관심과 칭찬을 구합니다. 아이가 너무 칭찬에 연연하거나 자기 자랑을 지나치게 늘어놓는다면 아이가 자존감이 낮은 것은 아닌지 생각해봐야 합니다.

아이가 지나치게 겸손해서 불이익을 당하는 것 같은 경우도 마찬가지로 자존감이 낮아서일 수 있습니다.

자신이 잘하는 것은 잘한다고, 할 줄 아는 것은 할 줄 안다고 스스로 홍보하는 것이 주변의 인정을 받기에 유리할 수 있으니까요.

'너라서 소중하다'는 메시지를 전해주면 아이의 자존감이 자랍니다

관심과 사랑으로 아이의 자존감을 키워주세요. 잘했다고 칭찬해주는 것도 중요합니다. 그러나 그보다 중요한 것은 '너라서 소중하다'는 메시지를 전달하는 것입니다. 잘하고 잘 생겨야 사랑받는 것이 아니라는 것을 알려주세요. 너는 그냥 너라서 사랑스럽고 소중하다는 것을 알려주세요.

잘할 때는 으쓱했던 자존감이 못할 때 와르르 무너진다면 그것은 진정한 자존감이 아닙니다. 자존감은 비가 오나 눈이 오나 변하지 않고 내 아이를 지탱해주는 평생의 자산입니다. 그냥 앉아 숨만 쉬어도 이 세상에 가장 소중하고 사랑스런 아이라는 것을 느끼게 해주세요. 자존감이 높은 아이는 상황에 맞게 자신을 적절하게 내세울 수 있습니다. 건강한 자랑을 통해 자신의 가치를 다른 사람에게 보일 수도 있고 배려와 겸손을 통해 진정한 친구도 얻을 수 있습니다. 아이가 건강한 자랑을 할 수 있도록 자존감을 키워주세요.

성에 관심을 갖기 시작했어요

지하철에서도 불쑥

마트에서도 불쑥

자다가도 불쑥불쑥
자꾸 튀어나오는 너의 호기심

다른 건 알려줄 수 있는데
이 주제는 좀 많이 어렵다.

어릴 때부터
가르쳐줘야 한다는데

몇 살부터가 맞는 걸까.
어떤 방법이 맞는 걸까.

엄마가 되었다고
모든 걸 아는 것도 아니고
모든 걸 가르쳐줄 수
있는 것도 아니지만

그래도 제대로
가르쳐주고 싶어.

딸바보가
물었어

36개월 남자아이.

한창 호기심 많은 시기라 각오는 하고 있었는데

요즘 부쩍 성에 관심을 갖기 시작했어요.

대충 말하자니 잘못된 걸 알려주는 것 같고,

그렇다고 제대로 말하자니 뭘 어디까지 이해할지도

모르겠고 난감해요. 어릴 때부터 성교육을 해줘야 한다고

듣긴 했는데 몇 살부터 어떻게 해야 할지 모르겠어요.

성교육 동화책도 있던데… 책을 읽어줘야 할까요?

성에 관한 이야기는 부모에게 어려운 주제이지요.

그런데 성교육은 아이가 태어나면서부터 시작해야 합니다.

신체 놀이로 자기 몸에 대한 애정을 형성하는 것부터

남녀의 신체적인 차이, 나아가 다른 사람의 몸이

소중하다는 것까지 차근차근 알려주세요.

Step 1. 내 몸은 소중해요

가장 먼저 가르쳐줘야 할 것은 아기가 '자기 몸을 자랑스럽게 여기고 소중히 여기도록 하는 것'입니다. 부모가 누워 있는 아기의 손을 잡고 흔들며 노래해줍니다. "손 손 손 손 여기 있어요." 다리를 주무르며 노래를 불러줍니다. "다리 다리 다리 여기 있어요." 엄마가 아기의 몸을 만지고 주무르고 흔들며 같이 놀이를 하는 동안 아기의 뇌는 자기 몸에 대해 유쾌한 기억을 만들어갑니다.

 아기가 말을 시작하면, 엄마는 "코 코 코 코 코 코 눈! 코 코 코 코 코

코 입!" "눈은 어디 있나, 여기~ 입은 어디 있나, 여기~" 하며 더 다양한 말과 함께 신체 놀이를 하세요. 자기 몸에 대한 사랑은 이렇게 일찍부터, 부모의 애정 어린 신체 놀이와 함께 형성됩니다.

Step 2. 나는 남자일까요? 여자일까요?

그 다음에는 남자와 여자를 구별할 수 있게 해주세요. 아기가 처음부터 남자와 여자를 구별하지는 못합니다. 연습에 의해 남자와 여자를 나누는 것처럼 보여도 개념이 확실하지 않습니다. 남자에게는 고추가 있고 여자는 가슴이 발달한다는 신체적 차이를 알아야 함은 물론이고, 외모를 바꿔도 성별은 바뀌지 않는다는 것이나, 시간이 지나도 남녀가 바뀌지 않는다는 것도 알아야 합니다.

　돌이 조금 지나면 남자, 여자를 알아맞히는 게임을 하며 성별을 알려줍니다. "할머니는 여자야 남자야?" "엄마는 여자야 남자야?" "너는 여자야 남자야?" 가족의 성별을 구별할 수 있게 되면, 길에서 지나가는 사람들의 성별도 가르쳐주세요. 유아 성교육용 그림책을 이용해서 여자와 남자의 신체적인 차이를 가르쳐주고, 어떻게 아기가 생기고 어디로 나오는지 알려주세요.

　대략 세 돌 정도 되면 아이는 남자와 여자를 구별할 수 있지만 여전히 개념이 확실하지 않습니다. "나는 커서 엄마랑 결혼할 거야."라고 말하는 여자아이에게 "엄마는 남자랑 결혼할 건데."라고 말하면 아이는 "나는 커서 남자가 될 거야!"라고 대답하는 식입니다. 여자라도 남자처럼 옷을 입고 머리를 짧게 자르면 남자가 될 수 있다고 믿습니다. 역할, 외모, 옷에 따라 성별을 바꿀 수 있다고 믿는 거죠.

Step 3. 나는 커서 엄마가 되네요?

6세 정도 되어야 타고난 성별을 바꿀 수 없다는 걸 알게 됩니다. 여자아이는 자기가 자라면 엄마가 되고, 더 지나면 할머니가 된다는 것을 압니다. 남자아이들은 아빠가 되고 할아버지가 될 거란 걸 알게 되지요.

　남녀가 확실히 구분되고, 어른이 되었을 때의 모습을 그릴 수 있게

되면서 남녀의 성 역할에 대해서도 배웁니다. "남자는 씩씩해야 해. 여자는 다소곳해야 해." 같은 고정된 성 역할은 아이의 잠재력이 자라는 데 방해가 됩니다. 아이가 성 역할에 구애받지 않고 '나다운 아이'로 자랄 수 있도록 해주세요. 남자아이라도 인형을 좋아한다면 인형 놀이를 충분히 할 수 있어야 합니다. 여자아이라도 로봇 장난감으로 전투 놀이를 할 수 있어요. 성을 가르쳐주되 자유로운 양육으로 아이의 적응력과 문제 해결력을 높여주세요.

Step 4. 내 몸처럼 모두의 몸도 소중해요

내 몸뿐 아니라 다른 아이들, 다른 사람들의 몸도 소중히 여기고 보호해야 한다는 것을 가르쳐주세요. 인형이나 그림을 이용해서 수영복으로 가려지는 부분은 절대 남의 몸을 만져서도 안 되고, 남도 내 몸을 만저서도 안 된다고 가르쳐주세요.

　누가 만지려고 하면 큰 소리로 "싫어! 하지 마! 안 돼!" 말하는 법을 일러주세요. 역할 놀이를 통해 아이가 거부 표현을 충분히 할 수 있도록 연습시키고, 혹시 누군가 몸을 만졌다면 부모나 주변 사람들에게 즉시 알려서 도움을 요청하라고 가르치세요.

　아동 성범죄를 막기 위한 그림책이나 교구를 통해 낯선 사람과 말하지 말고 절대 따라가면 안 된다는 것, 집에 혼자 있을 때는 가족 외에는 문을 열어주지 말아야 한다는 것, 길에서 만난 사람이 도움을 청해도 그 사람을 따라가서는 안 된다는 것 등을 알려주세요.

정말 괜찮은 거니

장난감을 뺏겨도

간식을 다 주고도 괜찮아.

좋아하는 그네를
양보하고도

괜찮아.

화도 안 내고

나누기도 잘하고

인사성도 밝고.

그렇게 늘 괜찮다는 네가

엄마는 왜 괜찮지 않을까.

착한 건 좋은 것이지만
네 것까지 뺏기진 않았음 좋겠어.

너의 행복, 너의 즐거움은
양보하지 않았으면 좋겠어.

238

언젠가 엄마가
널 챙겨줄 수 없는
순간이 올 때..

네가 스스로를 챙길 수 있도록….

라는 말풍선: 딸바보가 물었어

41개월 여자아이. 자꾸 자기 것을 못 챙겨요.

늘 인사성이 밝고 친구들을 잘 챙겨서 차분하다,

성격 좋다는 칭찬을 듣습니다.

늘 "괜찮아."라고 하는 아이.

부모 마음은 하나도 안 괜찮거든요.

자꾸 뺏기고 나눠줘버리고 화도 안 내는 우리 아이,

정말 괜찮은 걸까요? "친구 주지 마!"라고

이기심을 가르쳐야 하는 건지.

잘했다고 하기엔 커서도 자기 걸 못 챙기는 사람이 될까 봐

걱정이 됩니다.

아이가 공감해서 자발적으로 양보하는 건지,

아니면 다른 이유가 있는 건지 살펴보고 도와주세요.

"양보해서 속상하지 않아?"라고 물어보면

아이의 마음을 알 수 있습니다.

착한 행동을 이끄는 공감의 뇌

많은 사람들이 기부를 합니다. 한 번도 얼굴을 본 적이 없는 지구 반대편 아기를 위해 열심히 손뜨개로 모자를 만들어 보내고 영양실조로 죽어가는 아이들을 위해 힘들게 번 돈을 보냅니다. 나의 행동으로 인해 누군가가 기뻐하고 행복할 수 있다면 우리는 기꺼이 희생을 감내하기도 합니다. 남의 행복을 위해 내가 대가를 치루고 위험을 감수하는 것이 얼핏 어리석어 보이기도 합니다. 그러나 이런 행동의 기저에는 다른 사람의 감정에 공감하고, 베푸는 것에 기쁨을 느끼는 '공감의 뇌'가 있습니다.

사람의 뇌는 3층으로 이루어져 있습니다. 1층은 생존의 뇌 혹은 파충류의 뇌입니다. 2층은 감정의 뇌, 3층은 사고의 뇌이지요. 파충류는 알에서 깨어난 후 각자 알아서 살아갑니다. 알을 낳은 어미와 알에서 나온 새끼는 감정적인 교류를 할 필요가 없습니다. 그래서 2층 감정의 뇌 기능이 그리 필요하지 않습니다.

그러나 새끼를 낳아 품 안에서 젖을 먹이고 일정 시간 길러야 하는 포유류는 감정의 뇌가 엄청나게 진화를 했습니다. 혼자 살아갈 때까지 오랜 시간 아기를 키우고 무리를 지어 생활하는 인간은 특히 감정의 뇌가 발달했습니다. 인간은 공감의 동물입니다. 이 공감 능력 덕분에 인간은 자식을 잘 키울 수 있고 남과 더불어 사는 것이 가능합니다.

공감 능력이 뛰어난 아이가 양보를 잘해요

시키지 않아도 양보를 잘하는 아이는 다른 사람의 감정에 공감을 잘하는 아이일 가능성이 높습니다. 장난감을 갖고 놀고 싶은 친구 마음을 깊이 공감하기 때문에 기꺼이 양보를 합니다. 이런 아이는 넘어져 울고 있는 친구의 아프고 속상한 마음을 먼저 알아차립니다. 이기적으로만 행동하면 친구의 기분이 상한다는 것을 잘 알고 있습니다. 그렇다 보니 공감 능력이 좋은 아이는 사회성이 좋습니다. 따라서 평소에 다른 사람의 감정을 잘 읽고 배려를 하는 아이라면, 단순히 양보를 잘한다 해서 걱정할 필요는 없습니다.

때론 좋지 않은 양보도 있습니다

하지만 아이의 양보가 늘 옳고 좋은 것은 아닙니다. 아이가 공감해서 자발적으로 양보하는 건지, 아니면 다른 이유가 있는 건지 옆에서 살펴보고 도와주어야 할 때도 있습니다.

분란이 생기는 게 두려워 자기 주장을 못하는 아이일 수 있습니다. 양보 말고는 해결책을 모르는 아이도 있습니다. 빼앗기는 게 너무 속상해서 줘버리는 아이도 있을 수 있고요. 양보할 때마다 칭찬을 받았던 아이라서 마음과 달리 양보하는 것일 수도 있습니다. 이런 경우 아이는 양보라는 착한 행동을 하고도 속이 상합니다.

양보해서 속상하지 않은지 물어보세요

단지 공감 능력이 뛰어난 건지, 어른의 도움이 필요한 건지 알고 싶으면 아이가 양보한 직후에 "양보해서 속상하지 않아?"라고 물어보세요. 아이가 전혀 스트레스를 받지 않고 있고, 흔쾌히 양보한 거라면 공감 능력이 탁월한 아이이니 걱정 마시고 그저 칭찬해주시면 됩니다.

지금은 엄마 눈에는 아이가 너무 양보만 하는 것처럼 보일 수 있어

도, 길게 보면 아주 작은 일들입니다. 아이가 양보로 더 큰 만족을 얻고 있다면 조금만 기다려주세요. 좀 더 자라면 아이는 적절히 자기 것을 챙길 수 있게 될 것입니다.

양보하고 나서 속상해하는 아이라면

아이가 양보하고 나서 속상해하거나 미련이 남아 시무룩해 있다면, 아이는 양보하는 것 이외의 적당한 방법을 모르고 있을 가능성이 큽니다. 아이에게 마음이 허락하지 않으면 양보하지 않아도 괜찮다고 이야기해주세요. 그리고 원하는 것을 얻는 방법을 알려주세요. 지금 당장 양보하고 싶지 않을 때는 "지금은 내 차례니 조금 기다려줘."라고 이야기하라고 가르쳐주세요. 때론 "이건 내 거야!"라고 강하게 자기 주장을 해도 된다고 말해주세요.

아이의 감정 표현을 막지 않았는지 돌아보세요

아이만 점검할 게 아니라, 부모님도 자신을 돌아보세요. 그동안 아이의 감정 표현을 지나치게 막아왔던 건 아닌지 생각해보세요. 아이가 화를 내면 혼내고, 자기 주장을 하면 기를 죽이고, 친구와 나누지 않는다고 "욕심내면 나빠요!" "양보하는 아이가 착한 아이지!" 하며 다그치고 훈육했던 건 아닌가요?

아이가 자기 마음을 충분히 들여다보고 판단할 수 있도록 도와주어야 합니다. "친구가 장난감을 가지고 놀고 싶은가 봐. 친구한테 양보하고 싶어? 아니면 기다리라고 할까?" 아이에게 선택권을 넘기고 기다려주세요. 열린 마음으로 아이의 마음을 들여다보세요. 아이가 친구들 사이에서 충분히 마음을 표현하고 자기 주장을 하려면 엄마의 믿음직스러운 응원이 중요합니다.

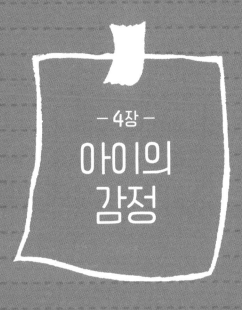

- 4장 -
아이의
감정

〔 숨기지 말아줘 〕

퇴근하면 제일 먼저

아이에게 물어본다.

엄마가 없었던 하루가

즐거웠는지

외롭진 않았는지

속상한 일은 없었는지

뽀로로 장난감을 가지고
놀고 있었는데 동생이
가지고 놀고 싶다고 해서
양보했어요~

와, 정말?
우리 딸
착하네~

민준이가 아인이를
밀어서 제가 아인이를
일으켜 줬어요!

어머!
예쁘네
우리딸~

응? 팔은
왜 그래?

으응.. 이거..
넘어졌어..

물어볼 때마다

좋은 일만 착한 행동만 ···
이야기하는 너.

무슨 일
없었니?

응~ 없어, 없어!
놀아, 놀아.

엄마는 몰랐어,

....

뭔가 이상하다는 걸.

민준이가 손이를 밀었어요
많이 아팠을 텐데
다독여주세요..

네?
네에...

엄마는 몰랐어,

엄마!
이것 봐바!

어때?
나 잘했지?
응?

안 좋은 일이나
속상한 일은
이야기하지 않았다는 걸.

엄마도 해봐

응.. 잘했네.

힘들거나 속상한 일은
누구보다 엄마가 품어줘야 하는 건데….

오늘 정말...
무슨 일 없었니?

왜 엄마한테 숨기는 걸까.

숨기지말아줘
엄마가 널
위로해줄 수 있게...

오늘 있었던일,
엄마한테 말해주면안돼?
엄마 궁금한데.. 응?
말 돌리지 말고...

몰라, 몰라아
놀자, 놀자

48개월 여자아이.

유치원에 다녀오면 그날 있었던 일을 이야기하기 좋아해요.

"오늘은 어땠어?"라고 물어보면 재잘재잘 이야기는 잘합니다.

그런데 좋고 잘한 일만 이야기합니다.

오후에 선생님께서 남자아이가 우리 아이를 밀었다고

연락해주셨는데 물어봐도 자기를 밀었다는 이야기를 안 해요.

잘못한 일을 숨기나 싶었는데, 보니 속상했던 일을 숨기더라고요.

왜 좋았던 일이나 잘했던 일은 이야기하고

속상한 일을 숨기는 걸까요?

그럴 때 제가 그 일에 대해 먼저 말을 꺼내고

다독여줘야 할까요?

굳이 끄집어내지 말아야 할까요?

아이가 무슨 이야기를 하든 부모가 편안하게 반응한다면

아이 역시 편안하게 이런저런 이야기를 할 수 있습니다.

아이가 되도록 제한 없이 무슨 말이든 할 수 있도록

공감하고 들어주세요.

아이도 말의 힘을 알고 있어요

갓 말을 시작한 아이들은 마냥 솔직합니다. 자신의 생각을 그대로 말로 옮기지요. 세 돌이 지나 말을 잘하게 되면서 아이들은 점차 말의 위력을 깨닫게 됩니다. 자신의 말 한마디가 상대방의 마음을 움직여서 좋은 일이 생길 수도 있고 반대로 크게 혼이 날 수도 있다는 것을 경험으로 알게 됩니다.

형이 동생과 놀다가 동생을 밀어 넘어뜨렸습니다. 넘어진 동생은 큰 소리로 울기 시작했습니다. 말의 위력을 깨닫기 전 두 돌쯤 되는 아이라면 엄마의 눈치만 보며 당황해합니다. 그러나 세 돌이 넘어 말의 위력을 아는 아이라면 엄마에게 "놀다가 동생이 앞에 있는 줄 몰랐어."라며 변명을 합니다. 고의로 밀었다고 하면 엄마에게 크게 혼이 나겠지만, 실수로 그랬다고 한다면 크게 혼나지 않을 거라는 걸 알기 때문입니다.

내 말에 따라 상대방의 마음이 달라지고 상대방의 반응이 달라진다는 것을 알게 되면서 아이들은 점차 상황에 맞는 말, 상대방이 듣고 싶어 하는 말을 골라서 하게 됩니다. 내가 하는 말에 따라 부모가 화를 낼 수도, 속상해할 수도, 기뻐할 수도 있다는 것을 아는 아이는 부모 앞에서 말을 가립니다.

내가 무슨 이야기를 해도 상대방이 다 들어주고 공감해준다면 나는 굳이 말을 골라서 할 이유가 없습니다. 슬프고 나빴던 일을 이야기했더니 부모의 반응이 심상치 않았다면 아이들은 빠르게 그 상황을 피하는 법을 배우게 됩니다. '아 이런 이야기를 하면 엄마가 슬퍼하는구나.' '이런 이야기를 하면 아빠가 화를 내는구나.' 하는 불편한 감정을 느꼈다면 아이는 다음부터 그런 이야기를 피하게 됩니다.

아이가 속상한 일을 말할 때 어떻게 반응했는지 생각해보세요

아이가 속상한 일을 이야기했을 때 어떻게 반응했었는지 평소 자신의 모습부터 점검해보세요. 아이가 부모에게 속상한 이야기를 꺼냈을 때는 충분히 공감을 받지 못했지만, 좋은 이야기를 꺼내자 부모가 반응을 보이고 기뻐한다면 아이는 좋은 이야기부터 골라 말하게 됩니다. 나아가 속상한 이야기를 꺼냈을 때 부모가 화를 심하게 냈다거나 곤란한 상황에 처하곤 한다면 아이는 부모에게 속상한 이야기를 감추게 됩니다. 평상시 부모님 행동이 그랬던 것 같다면 이제부터 바꾸면 됩니다.

아이의 속상한 이야기를 끄집어내 아이와 이야기를 나누어보세요. 격하게 반응하면 아이는 더 큰 일로 받아들입니다. 차분하고 담담하게 이야기하세요. "엄마가 선생님한테, 민준이가 솔이를 밀었다는 이야기를 전해 들었어. 속상하지 않았니?" 아이가 그때의 속상했던 감정을 털어놓으면, 이야기를 해줘서 고맙다고 말해주세요. 부모에게 털어놓는 게 편하고 좋아야 다음에도 비슷한 일이 생길 때 부모에게 위로를 구

합니다. "엄마는 그 이야기 듣고 네가 속상했을까 봐 걱정이 됐어. 엄마한테 말해줘서 고마워. 그런 이야기 들으면 엄마도 속상하지만, 그래도 이렇게 위로하고 안아줄 수 있어서 정말 기뻐. 엄마는 항상 네 편이야."

아이가 무슨 이야기를 하든 부모가 편안하게 반응한다면 아이 역시 편안하게 이런저런 이야기를 할 수 있습니다. 아이가 되도록 제한 없이 무슨 말이든 할 수 있도록 공감하고 들어주세요. 아이는 말을 털어놓고 위로받는 과정을 통해 속상했던 마음이 치유된다는 것을 알게 됩니다.

아이 스스로 이야기를 꺼낼 수 있도록 기다려주세요

부모에게 이야기를 털어놓아 더 불편해졌던 경험이 오랜 시간 쌓였다면 아이는 언제 또 부모가 슬퍼하고 화를 낼지 모르는 불안감에 쉽게 마음을 열지 못할 수 있습니다. 그렇다 해도 아이의 속상한 이야기를 알고 있다는 것을 알려주고, 아이 마음을 공감해주고 위로해주세요. 너무 걱정하거나 초조해하지 말고 아이가 스스로 자기 이야기를 꺼낼 수 있을 때까지 기다려주세요.

그렇게 해도 아이가 자신의 이야기를 털어놓지 않는 경우가 있습니다. 이 경우 부모에게는 큰일처럼 느껴지는데, 아이는 대수롭지 않은 일처럼 여겨져서 말하지 않은 것일 수 있습니다. 예를 들어 키우던 금붕어가 죽었을 때 엄마는 큰일이라 슬퍼해도, 아직 죽는 게 뭔지 잘 모르는 아이는 아무렇지도 않을 수 있습니다. 다른 아이가 밀어서 넘어졌어도 그 순간에만 속상했을 뿐, 금세 툭툭 털고 잊어버렸을 수도 있습니다. 이야기를 꺼냈을 때 아이 반응을 살펴보세요. 아이는 대수롭지 않게 생각하고 있는데 부모가 보기에 반드시 이야기를 나눠야 하는 문제라면, 아이에게 그게 왜 문제인지 차분히 설명해주세요. 그리고 또다시 같은 일이 일어났을 때 꼭 부모에게 말해달라고 이야기해주세요.

{ 던져요 }

처음에는 아기니까

남자아이니까 그런가 보다 했는데

시간이 갈수록…

장난감이 맘에 안 든다고

조립이 안 된다고

원하는 간식이 아니라고

만화 더 틀어달라고

옷 입기 싫다고

뭐든 자기 맘에 안 들면…

던지고 던진다.

점점 더 자주 던지는 아이…

싫은 마음을 표현하게 된 건지

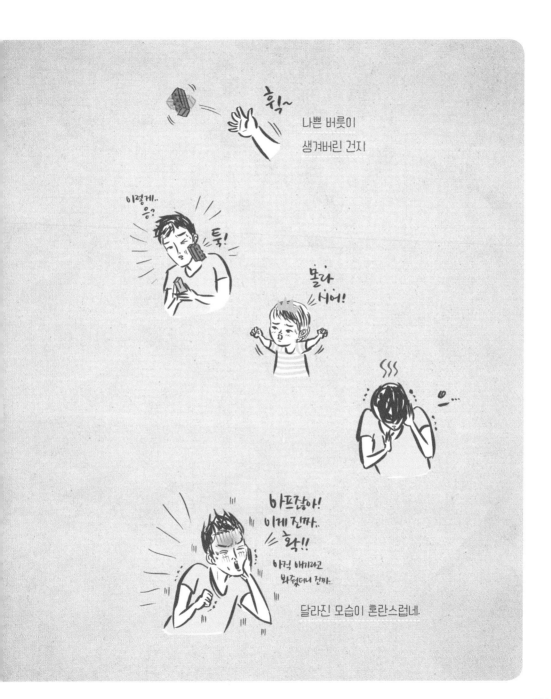

혼내야 하는건가
혼내면 얼마나 혼내야 하나...

어떻게 반응해야
맘이 안 다칠까...

으아아앙~
아빠 무써워~

딸아빈
축소해

아니..
그게아니라...
아빠가 내가..

엄청 서럽게 우네;;
누가 보면
학대한 줄..

딸바보가
물었어

24개월 아이. 장난감이 자기 맘대로 조립되지 않거나,

마음에 들지 않는 장난감을 쥐어줄 때,

원하는 간식이 아닌 다른 간식을 주었을 때,

만화영화를 틀어달라고 리모컨을 가지고 왔는데

틀어주지 않겠다고 했을 때

손에 든 물건을 집어던져 버려요.

어떻게 반응해야 할까요?

24개월이면 자기 고집이 생기지만 말은 잘 못 합니다.

말이 안 되니 행동으로 자신을 표현하고요.

그 와중에 누군가 다치거나 물건이 망가지면

아이도 당황하고 불안해집니다.

아이가 기분 나쁜 감정을 표현할 수 있도록

다른 말을 알려주세요.

단호하게 즉각적으로 훈육하세요

물건을 던지면 차분하지만 단호한 목소리로 물건 던지면 "안 돼요!"라고 알려줍니다. 물건으로 엄마를 치는 흉내를 내면서 "맞으면 아야 해요."라고 위험성을 알려줍니다.

　그래도 반복적으로 물건을 던진다면 벌을 세울 수도 있습니다. "던지면 벌 서야 해요." 말로 설명하면서 벽을 보고 2분 동안 서 있도록 타임

아웃을 시행합니다. 벌을 다 서고 나면 아이를 안아주며 "물건 던지면 안 돼요. 맞으면 아야 해요." 다독이며 다시 한 번 이야기해줍니다. 아직 아이는 옳고 그름을 잘 모릅니다. 부모가 지치지 않고 반복해줘야 고쳐집니다.

다만 훈육할 때 지나치게 살갑게 아이를 달래주면, 아이는 엄마의 관심과 사랑을 확인하기 위해 던지는 행동을 반복할 수 있습니다. 아이가 관심받기 위해 물건을 던지는 것이라면 달래는 과정을 생략하고 조금 더 사무적으로 타임아웃까지 시키는 것이 좋습니다.

던지는 행동을 할 때마다 즉각적으로 반응을 해야 합니다. 아침에 마트에서 던졌다고 저녁에 집에 돌아와서 혼을 내면 아이는 뭐 때문에 혼이 나는지도 모르고 주눅만 듭니다. 당연히 혼을 내도 행동은 고쳐지지 않습니다.

스트레스를 푸는 다른 방법을 가르쳐주세요

아무거나 던지는 것은 위험하니 반드시 훈육을 통해 고쳐줘야 합니다. 그러나 아이가 표현하는 것까지 다 막아버리면 아이도 스트레스를 받게 됩니다. 좋은 방법으로 아이가 감정을 표현할 수 있도록 가르쳐주세요.

가장 좋은 것은 말로 표현하는 것입니다. 던지는 행동은 대부분 아이가 기분이 나쁠 때 나옵니다. 기분이 나쁘다는 것을 말로 표현할 수 있도록 해주세요. 부정적인 감정이라도 바로 행동으로 하는 것보다 말로 표현하는 것이 훨씬 건강합니다.

"아니." "싫어." 등 부정적인 단어가 아이 입에서 나오면 당황하는 부모가 많습니다. 그러나 말로 표현 못 하고 무조건 던지거나 울어버리면 나쁜 감정을 스스로 다스리는 연습을 하기 더 어렵습니다. 일단 아이가 말로 나쁜 감정을 표현하면 공감해주세요. "아니야?" "싫어?" 등 아이가 한 말을 반복해 말해주어 아이의 기분에 공감해주세요. 그리고 상황에 맞는 더 나은 표현을 알려주세요.

던지지 못하게 하면 더욱 폭발하는 아이라면

간혹 물건을 던지지 못하게 하면 분을 감당하지 못해 바닥에 머리를 박거나, 자기를 때리는 등 더 심각한 행동을 하는 아이도 있습니다. 아이는 아직 자기 감정을 차분히 다스리는 법을 배우지 못했기 때문에 그나마 던져야 직성이 풀릴 수도 있습니다. 그 경우에는 아이가 화를 풀 수 있도록 던져도 좋은 물건을 미리 정해주세요.

"아무거나 던지면 다칠 수도 있고, 소중한 장난감을 다시 가지고 놀지 못할 수도 있어. 너무 화가 나면 이 곰인형을 여기 벽에만 던지는 거야." 하는 식으로 작은 봉제 인형 같은 던져도 안전한 물건, 빈 벽처럼 안전한 장소를 정해주세요. 반복해서 일러주면 아이는 아무리 화가 나도 즉시 던지지 않고 엄마가 정해준 인형을 찾습니다. 인형을 찾는 동안 잠깐이라도 화를 참는 연습을 하게 되고 화를 내는 데도 규칙이 있다는 것을 배우게 되고요.

끝으로 어른 중에 화가 날 때 물건을 던지는 사람이 있는지 반드시 확인해보세요. 아이는 놀랄 정도로 빨리 배웁니다. 몇 달 전 잠깐 본 것도 한참 지나서 따라 하기도 하지요. 만약 물건을 던지는 어른이 있다면 어른부터 고쳐야 합니다.

{ 친구를 괴롭히는 아이 }

오늘도 전화가 옵니다.

내 아이가 친구를 때렸대요.

혼내면 안 그러겠다고 하지만

결국 또 전화가 오죠.

이번에는 친구를 밀었대요.

맞고 오는 것도 속상하겠지만
가해자가 되는 것도 정말 속상해요.

왜 다른 친구를 혼내는
아이가 되어버린 건지.

착한 아이로 키우고 싶었는데
잘못 키운 걸까요?

딸바보가
물었어

48개월 둘째 아들.

유치원 친구들을 괴롭힌다고 일주일에 한 번은 전화가 와요.

친구를 때리고, 윽박지르고, 장난감을 빼앗고, 밀기도 한대요.

매일 "죄송합니다."를 달고 삽니다.

아이에게 왜 그랬냐고 물으면 아이는 나름 이유가 있고,

친구가 선생님 말을 안 듣거나 잘못했을 때 화가 난대요.

그리고 매우 떳떳해요.

이럴 때 엄마인 저는 어떻게 하면 좋을까요?

혼내도 소용없고, 설득해도 그때뿐 소용이 없습니다.

다 제 잘못처럼 느껴져요.

아이가 왜 폭력적인 행동을 하는지부터 살펴보세요.

그리고 반복해서 '폭력은 나쁘고 심각한 문제'라는 걸 말해주세요.

나아가 아이가 '화나는 감정'을 인지하고 대처할 수 있도록 도와주세요.

아이가 왜 친구를 괴롭히는 걸까요?

아이가 재미를 위해 일부러 친구를 괴롭히는 경우는 매우 드뭅니다. 아이는 나름대로의 이유가 있어서 공격적인 행동을 합니다. 아이가 공격적인 행동을 하는 이유를 알면 부모가 대처하기가 쉬워집니다.

말보다 주먹이 편한 아이

아이가 문제를 풀 때 말보다 주먹이 앞선다면 혹시 '아이가 말을 안 들을 때리는 것이 약이다.'라고 부모가 생각하고 있지 않은지 돌아보세요. 아이가 말을 안 듣는다고 때린다는 건, 부모가 문제를 해결하는 방법으로 폭력이 적절하다고 여기고 있는 것입니다. 부모가 그런 마음이라면 아이는 당연히 문제가 생겼을 때 폭력으로 해결하려 들 겁니다. 이런 잘못된 생각을 어릴 때 고쳐주지 않으면 아이는 커서도 주먹으로 문제를 해결하려 들 것입니다. 폭력은 절대 좋은 문제 해결 방법이 아니라는 것을 어릴 때부터 가르쳐야 합니다.

순간적으로 참지 못하는 아이

폭력이 나쁘다는 것을 머리로는 아는데 그 순간을 못 참아서 공격적인 행동을 하는 경우도 있어요. 엄마가 혼을 내거나 타이르면 아이는 진심으로 잘못을 뉘우칩니다. 그러나 그때뿐, 다음에 화가 나면 또다시 욕을 하거나 던지고 밀치거나 때립니다. 어른도 생각과 행동이 다르지요. 아이들은 참을성이 없으니 그 차이가 더 큽니다. 아이가 클수록 참을성도 많아집니다. 꾸준히 반복해서 가르치다 보면 아이는 자제심을 키우고 폭력적인 행동을 점점 덜하게 됩니다.

공격이 최고의 방어인 아이

부모님의 목소리가 조금만 높아져도 더 크게 성을 내고 물건을 집어 던지는 아이도 있어요. 그런 경우에는 가만히 있으면 부모가 더 크게 화를 내고 혼낼 것이라고 생각해서 아이가 먼저 기선 제압을 하는 겁니다. 이런 아이는 다른 아이가 길을 막고 있거나 자신을 괴롭히는 기세가 보이면 바로 폭력을 사용해서 자신을 방어합니다. 아동폭력에 자주 노출되었던 아이가 공격적인 행동을 하는 경우가 많습니다. 그간 공격을 통해 자신을 방어할 수 있다고 학습해왔기 때문이죠.

잘못된 행동을 했다는 걸, 아이가 즉시 인식하게 해주세요

아이는 감정을 다루는 게 서툴기 때문에 평소 부모나 주위 사람들에게 폭력을 경험하거나 배우지 않았더라도, 당황하거나 놀랐을 때, 기분이 좋지 않을 때도 충동적으로 친구를 때리거나 밀칠 수 있습니다. 이때 부모가 할 일은 폭력은 나쁘고 심각한 문제라는 것을 아이에게 반복해서 알려주고, 말로 해결할 수 있도록 돕는 겁니다.

아이가 폭력적인 행동을 했을 때 '즉시' 그게 매우 심각하고 좋지 않은 행동임을 깨우치게 해야 합니다. 부모가 "엊그제 선생님께 이야기 들었는데, 네가 지우를 때렸다며?"라고 말한다면 아이가 심각한 일처럼 느낄 수 있을까요? 아이가 친구를 때리는 것을 목격하거나, 유치원 선생님 등 타인에게 전해 들었을 때 그 '즉시' 훈육하는 게 중요합니다.

아이와 눈을 맞추고 단호하게 말하세요

훈육할 땐 아이와 거리부터 좁혀야 합니다. 저 멀리서 아이를 향해 "그러면 안 돼!"라고 소리친다면 아무리 목소리를 높인다 한들 아이가 심각하게 생각하기 어렵습니다. 아이를 손으로 잡을 수 있을 만큼 가까이에서 이야기하세요. 아이의 어깨를 잡고 눈을 맞추면 주의를 집중시킬 수 있고 표정으로도 단호함을 전달할 수 있습니다.

　엄격한 표정과 말투로 "친구를 때리면 안 돼!"라고 구체적으로 어떤 행동이 잘못됐는지 알려주세요. 그 다음 "때리는 아이는 친구들이 놀아주지 않아."라고 자신의 행동이 어떤 영향을 미칠지 생각하게 해주세요. 그 다음 "또 때리면 바로 집으로 가는 거야."라고 말해서 다음 일을 예측할 수 있도록 합니다. 아이가 친구를 또 때린다면 약속대로 바로 집으로 가야 합니다. 처음에는 아이도 부모도 힘들겠지만, 이 과정을 반복하면서 아이는 화가 나도 '집에 가기 싫어서' '친구와 계속 놀고 싶어서' 욱하는 감정을 누르는 연습을 하게 되죠.

'너도 똑같이 맞아봐!'는 좋은 방법이 아닙니다

아이에게 친구 기분을 이해해보라며 똑같은 방법으로 때리는 분들도 있습니다. 어느 날 길을 지나가다 모르는 사람 발에 걸려 넘어졌다고 생각해보세요. 당시의 속상한 마음을 이해받기 위해 일부러 남편의 발을 걸어 넘어뜨릴 필요는 없습니다. 아이 역시 꼭 똑같이 경험하지 않아도 됩니다. 때리는 게 잘못된 행동이라고 아이가 이미 알고 있다면, 부모의 단호한 표정만 보고도 자기 행동을 후회하고 있을 겁니다. 그런데 부모가 너도 똑같이 맞아보라며 때린다면 아이는 혼란스럽습니다. 폭력이 나쁘다면서 부모가 폭력을 사용한 것이니까요.

아이가 화라는 감정을 인식하게 해주세요

가슴이 뛰는 경우를 생각해보세요. 언제 가슴이 뛰나요? 화가 났을 때뿐 아니라 놀라거나 겁을 먹었을 때, 사랑에 빠졌을 때도 가슴이 뜁니다. 가슴이 뛰는 이유는 수도 없이 많습니다. 성숙한 사람은 가슴이 뛸 때 자신의 흥분 상태를 인식하고 자기 감정에 분노, 사랑, 노여움, 부끄러움 등 이름을 붙일 수 있습니다. 미성숙한 아이들, 특히 폭력에 자주 노출되었던 아이들은 이런 흥분 상태를 모두 화 또는 분노로 잘못 해석합니다. 그러다 보면 놀라도 화를 내고, 당황해도 화를 내고, 겁이 나도 화를 내는 것이지요. 아이가 화가 날 만한 상황이 발생했다면, 부모

가 개입해서 먼저 감정을 말로 표현하도록 해주세요. '화가 났어요' '겁이 났어요' '불안했어요' '창피했어요' '억울했어요' 이런 식으로 자신의 감정을 말로 표현할 수 있어야 아이는 화를 다스릴 준비가 된 것입니다.

화가 났을 땐 일단 멈추고 생각하고 행동하도록 도와주세요
생각 없이 행동으로 옮길 때 문제가 생깁니다. 행동하기 전에 일단 멈춰서 생각하는 힘을 길러줘야 합니다. 아이에게 화가 났을 때는 머릿속에 빨간 신호등을 그려보라고 알려주세요.

그리고 아이가 폭력적인 행동의 결과를 예측할 수 있도록 도와주세요. 상대방이 다치고 선생님이나 엄마에게 혼이 나는 것 등을 미리 생각해보도록 해주는 겁니다. 더불어 말로 자신의 감정이나 생각을 표현하고 문제를 해결할 수 있다는 것을 알려주세요. 상대를 말로 설득해서 문제가 해결됐을 때 좋은 점 등도 생각해보도록 도와주세요. 역할 놀이 같은 것으로 다양한 표현 방법을 연습해볼 수 있습니다.

부모가 롤모델이 되기

아이가 소리 지르고 던지고 때리고 화를 못 참는다면 먼저 부모 자신을 돌아보세요. 아이에게는 참으라고 하면서 정작 부모 자신은 못 참고 있지 않는지 생각해보세요. 아니면 아이가 말로 설득할 때는 흘려듣거나 무시하고, 아이가 과격하게 행동할 때만 관심을 기울이지는 않았는지 생각해보세요. 아이들은 부모의 말이 아니라 행동을 통해 더 많이 배웁니다. 아이의 행동을 바꾸고 싶다면 먼저 부모가 바뀌어야 합니다. 하루아침에 달라지는 것은 어렵지만 꾸준히 노력하다 보면 변화하게 됩니다.

아이가 소극적이에요

엄마는 알고 있어.

무대에 오르고 싶은데

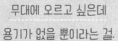

용기가 없을 뿐이라는 걸.

친구와 놀고 싶은데
방법을 모를 뿐이라는 걸.

너의 마음이 시키는 대로
네가 행동할 수 있도록 도와주고 싶어.

어떻게 해야 너에게
용기를 줄 수 있을까?

딸바보가
물었어

42개월 여자아이.

소극적인 딸아이를 키우고 있어요.

키즈카페에 가서 또래들이 즐겁게 놀고 있는 걸 보고도

주위를 맴돌 뿐, "가서 같이 놀자고 해봐." 이야기해도

다가가지 못합니다. 엄마도 아빠도 소극적인 성격이 아니라서

아이의 소극적인 면이 걱정되고 이해가 잘 되지 않지만,

최대한 아이에게 억지로 강요하지 않으려 노력하고 있어요.

다만 아이가 자꾸 뒤로 숨기만 할까 봐 걱정입니다.

어떻게 힘을 주고 응원해줘야 할까요?

아이가 수줍어하는 건 불안하기 때문일 수 있습니다.

아이의 마음속 불안을 알아차리고 이해해주세요.

낯선 사람 앞에 불쑥 나서길 강요하지 마시고

아이에게 적응하고 준비할 시간을 주세요.

왜 우리 아이는 심하게 부끄러워할까요?

길이나 엘리베이터에서 이웃 어른을 만나면 엄마 치마 뒤에 숨는 아이들이 있습니다. 씩씩하게 인사를 했으면 좋겠는데 아이는 자꾸 숨기만해 부모를 난처하게 만듭니다. 낯선 사람을 대할 때 어느 정도의 경계심과 부끄러운 마음이 드는 건 정상적인 반응입니다. 다만 그 정도에 있어 개인차가 있습니다.

외향적이거나 내향적인 성향은 타고나는 부분이 많습니다. 유난히 부끄러움이 많고 내성적인 아이는 특별한 문제가 있어서 그리 된 것이 아니고, 그렇게 타고난 것입니다. 또한 그런 성향은 상당히 오랫동안 지속될 수 있습니다.

어릴 때는 낯선 사람 앞에서의 두려움, 불안, 부끄러운 감정을 어찌 해야 할지 모르기 때문에 도망가거나 숨어서 그 두려움을 피하려고 합니다. 하지만 나이가 들수록 점차 두려움을 극복하는 방법을 찾게 되고 적절한 행동을 배우게 됩니다. 부모는 이 과정이 잘 이뤄질 수 있게 도와주어야 합니다.

아이가 느끼는 불안을 수용해주세요

부끄럽고 수줍어 어쩔 줄 몰라 하는 아이의 마음속 불안을 알아차리고 이해해주세요. 타고나길 그렇게 태어난 게 아이의 선택은 아니지요. "넌 왜 그렇게 숫기가 없니?" 하며 비난하는 말은 하지 마세요. 아이가 자신이 부족한 탓이라고 돌릴 수 있습니다.

엄마 민망하게..
인사 하나도 못해!
어려운 것도 아닌데
그렇게 숫기가 없니...

ㄸㄸ

"애들이 좀 낯설지?"라고 말을 건네, 아이가 느끼는 불안을 수용해주세요. 부모가 도닥이며 불안을 수용해주면 아이는 '이 감정이 이상한 건 아니구나.' 생각하고 낯선 상황을 마주할 용기를 내게 됩니다.

낯선 사람 앞에 불쑥 나서도록 강요하지 마세요

낯선 사람을 만났을 때 인사를 시키거나 하지 마세요. 아이는 더욱 불안해져서 어찌할 바를 모르게 됩니다. 키즈카페에서 낯선 아이들을 보면서 주위를 빙빙 돌고만 있다면 나름대로 불안을 다스리는 중인 겁니다. 아이에게 불안에 적응할 시간을 주고 기다려주세요. 아이가 불안감에 혼자서도 놀지 못하고 있다면, 엄마가 퍼즐이나 장난감 놀이를 하자고 이끌어 빨리 불안을 줄이도록 도와줄 수 있습니다.

대신 서서히 다른 사람에게 접근하는 방법을 가르쳐주세요. 혼자서 놀고 있는 또 다른 아이가 있다면 내 아이에게 이렇게 말해보세요. "저 아이도 부끄러운가 봐. 혼자 놀고 있네. 우리 저 아이를 좀 도와줄까? 가서 같이 놀자고 말해볼래?" 그렇게 다른 아이에게 다가가는 방법을 구체적으로 알려주세요.

낯선 사람들을 만나야 한다는 걸 미리 알려주세요

아이에게 낯선 사람을 만난다는 사실을 미리 이야기해주는 것도 좋습니다. "내일 이모 결혼식에 갈 텐데, 거기 가면 이모도 있고, 할머니도 있어. 이모 친구들도 있을 거야."라고 미리 이야기해주세요. 아이가 머릿속으로 내일 닥칠 상황을 반복해서 떠올려보고 미리 마음의 준비를 할 시간을 주세요.

또한 아이가 두려움을 표현한다면 구체적으로 표현하도록 도와주세요. 애들이 안 놀아줄까 봐 무섭다거나 놀릴까 봐 두렵다는 아이의 이야기를 들어주세요. 아이의 두려움이 어른의 눈에는 사소하게 느껴져도 비웃거나 과소평가하지 말고 있는 그대로 받아주세요. 작은 인형을 이용해 상황극을 하며 불안을 해소하고 적절한 대응법을 연습하는 것도 도움이 됩니다.

평소에 작은 불안을 반복해서 극복하게 해주세요

친숙한 환경에 낯선 아이가 한두 명 섞여 있다면 아이들은 낯선 아이들로 가득한 낯선 환경에 있을 때보다 빨리 불안을 떨쳐낼 수 있습니다. 아이가 작은 불안을 반복해서 다스리는 경험을 쌓을 수 있도록 도와주세요.

집에 친한 친구 한 명과 조금은 낯선 친구 한 명을 불러서 함께 놀 기회를 만들어보세요. 아이가 노는 모습을 곁에서 지켜주며, 낯선 아이로 인해 느끼는 긴장감과 불안감을 극복할 수 있도록 도와주세요. "엄마가 여기 있을게. 도움이 필요하면 불러."라고 말해주면 아이는 더 빨리 불안을 극복할 수 있습니다. 낯선 친구에게 다가가는 게 약간 불안했지만 꾹 참고 손 내미니 더 재밌게 놀 수 있었다면, 그런 경험이 반복된다면 아이는 좀 더 어려운 상황에서도 남들에게 다가갈 용기를 낼 수 있을 것입니다.

징징대는 아이

양말 신기 싫다고 징징징

가방이 무겁다고 징징징

집에 가기 싫다고 징징징

밥 먹기 싫다고 징징징

처음엔 들어주다가도
어느 순간 화를 내버리는 나

- 30분 뒤

다정하게 타이르는
엄마가 되고 싶은데

들어줬다가 화를 냈다가

오늘도 엄마의 감정 조절은
실패하고 맙니다.

딸바보가
물었어

48개월 딸아이.

딸아이가 하루 종일 징징거려요.

왜 그러는지도 어떻게 달래야 하는지도 정말 모르겠어요.

아이가 징징거리기 시작하면 부드럽게 이야기를 들어주고

받아주고 싶다가도 나도 모르게 화를 내게 됩니다.

달래다가 화내다가 자꾸 왔다 갔다 하면 애도 헷갈릴 텐데,

저 도대체 어떻게 해야 하는 거죠?

행복한 아이는 징징거리지 않습니다.

아이도 뭔가 힘든 게 있을 때 징징거리는 겁니다.

아이가 징징거리는 이유는 다양하지만

부모의 대처는 부드럽지만 단호하게 단 한 가지입니다.

기질 자체가 짜증이 많은 아이가 있습니다

늘 방긋방긋 웃고 명랑하고 활발하고 씩씩한 아이라면 정말 키우기 좋겠지요. 그러나 모든 아이들이 그런 것은 아닙니다. 기질적으로 늘 시무룩하고 짜증을 잘 내는 아이가 있습니다. 아이가 늘 시무룩하고 짜증을 잘 내는 것은 누구의 탓도 아닙니다. 원래 그렇게 타고난 것입니다. 아이를 있는 그대로 받아들여보세요. 다만 기질은 부모 하기에 따라 바뀔 수 있습니다. 따뜻하고 부드러운 부모의 사랑은 징징거리던 아이의 기질도 편안한 기질로 바뀌게 합니다.

정서적으로 불안하지 않은지 살펴보세요

아이가 불안한 이유는 셀 수 없이 많지요. 대부분 어른들 잘못입니다. 부모가 아이 앞에서 다투지는 않았나요? "도저히 같이 못 살겠어." "내가 나가든 해야지." "애를 다른 집에 줘버려." 등등. 어른들이 홧김에 무심코 던진 말들이 비수가 되어 아이 마음에 꽂힙니다. 유치원이나 어린이집 환경은 안전한가요? 어른들이 모르는 사이에 다른 아이들로부터 괴롭힘을 당하고 있는 것은 아닌가요? 아이를 중심으로 세상을 살펴보세요. 아이를 불안하게 만드는 이유를 아이 입장에서 찾아보세요. 원인을 없애거나 환경이 바뀌어서 아이가 정서적으로 안정되면 징징거리던 것도 점차 좋아집니다.

아프거나 피곤하진 않은지 살펴보세요

어린 아이들은 아프다는 표현 대신에 징징거리는 경우도 많습니다. 어른들도 피곤하거나 잠을 못 잤거나 하면 예민해지고 짜증이 납니다. 아이들도 그렇습니다. 아이가 계속 징징거린다면 혹시 몸이 아프거나 너무 피곤한 것은 아닌지 살펴보세요. 아이가 잠이 모자라는 것은 아닌지, 편도선이 너무 커서 코골이를 하고 수면 부족에 시달리는 것은 아닌지, 무리한 일정 때문에 피로가 누적된 것은 아닌지, 열이 있거나 아프지 않은지 살펴보세요.

아이의 의사 표현을 존중해주세요

아이가 징징거릴 때만 특별히 신경을 쓰지는 않았나요? 엄마가 평소에 아이가 부드럽게 말할 때는 아이의 말을 귀담아 듣지 않고 하던 일을 계속하는 경우가 있습니다. 아이가 몇 번 이야기를 해도 무심하게 넘어가다가 징징거리기 시작하면 그때서야 허둥지둥 아이의 말에 주의를 기울이는 경우입니다. 아이는 좋게 말해서는 엄마의 관심을 끌 수 없다

는 것을 금방 학습하게 됩니다. 다음에는 아예 처음부터 징징거리며 이
야기를 하겠지요. 아이가 하는 말에 처음부터 주의를 기울이세요. 아이
가 부드럽게 자신의 의사 표현을 할 때 존중해주세요. 아이는 징징거리
지 않아도 충분히 소통이 된다는 것을 경험으로 알고 배울 것입니다.
아이에게 부드럽고 명확하게 의사 표현 하는 방법을 가르치려면 아이
가 온순하게 말할 때 즉시 반응해주세요.

부모가 징징거리고 있지 않은지 돌아보세요

좋게 말해도 될 것을 짜증과 화를 섞어 이야기하고 소리를 질러 아이
를 겁먹게 하지는 않았나요? 부모가 쉽게 짜증내고 화를 내면 아이도
금방 따라합니다. 부모는 못 참으면서 아이에게 참으라고 하면 효과가
없는 게 당연합니다. 나도 모르는 사이, 아이에게 짜증을 내고 있지는

않은지 확인해보세요. 다른 가족들에게 아이에게 훈육하거나 지시하는 내 모습을 녹화해달라고 부탁해보세요. 아이에게 쉽게 짜증을 내고 있다면 나부터 바꿔야 합니다. 내가 바뀌면 징징거리던 아이도 부드럽게 바뀌게 됩니다.

부드럽지만 단호하게 반응해주세요

원인은 여러 가지여도 징징거리는 아이에 대처하는 방법은 한 가지입니다. 부드럽지만 단호하게 아이에게 반응해주세요. 안 된다고 했다가 아이가 징징거린다고 들어주면 아이는 다음에 더 강하게 오랫동안 징징거립니다. 안 된다고 선을 그었으면 그 선을 지켜야 합니다. 그 편이 아이에게도 편합니다. 그래야 아이도 빨리 포기하고 적응합니다.

아이에게 화를 내거나 소리를 치고 협박을 해서 아이를 굴복시키지 마세요. 아이는 빠른 속도로 배웁니다. 소리 지르고 화내고 협박하는 부모의 모습을 금방 배웁니다. 다음번에 아이는 마음에 안 드는 상황에서 부모처럼 소리 지르고 화를 내게 됩니다. 점점 더 거칠어질 겁니다.

부드럽지만 단호하게. 이게 단 하나의 방법입니다. 알고는 있지만 실천이 어렵다고 생각할 수도 있습니다. 완벽한 부모는 없습니다. 하지만 노력할 수는 있어요. 꾸준히 노력해보세요. 징징거리던 아이가 어느덧 편안한 아이로 커가는 것을 보게 될 것입니다.

참을성을 가르쳐줄 수 있나요

인형 놀이하자 했다가

책 읽어달라 했다가

배고프다고 했다가

결국은 기다리지 못하는 너
마냥 들어주기만 하고 싶진 않아.

원하는 걸 얻기 위해선

기다리는 법을 알아야 하니까.

참을성은 타고나는 것일까,

가르쳐주는 것일까.

딸바보가
물었어

42개월 여자아이.

아이의 참을성, 언제부터 가르치면 될까요?

참을성이 눈곱만큼도 없어요.

그 유명한 마시멜로 이야기는 먼 나라 이야긴가 봅니다.

마시멜로를 앞에 두고 15분 기다리는 애들이 성공 한다던데

우리 아이도 기다리는 아이로 키우고 싶은데 어떻게 가르치면 될까요?

42개월 아이도 참을성이라는 게 있나요?

우리 아이만 참을성이 없는 걸까요?

참을성을 기른다는 것은 '이성의 뇌'를 개발하는 것입니다.

그런데 신체와 감정의 뇌가 고루 발달해야

이성의 뇌도 튼튼하게 기능할 수 있습니다.

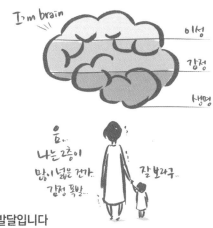

참을성을 키우는 것은 이성적 뇌의 발달입니다

인간의 뇌는 크게 나누어 3층으로 이루어져 있습니다.

　1층은 생명의 뇌입니다. 숨을 쉬고 혈압, 맥박, 체온을 유지하고 목이 마르면 물을 마시고 배가 고프면 뭔가를 먹어야 한다고 몸에 신호를 보냅니다. 1층은 이렇게 생존을 위한 기본적인 기능을 합니다. 식물인간은 보통 1층만 제대로 기능을 하는 경우를 말합니다.

　2층은 감정의 뇌입니다. 희로애락의 감정들은 2층에서 주로 만들어집니다.

3층은 이성의 뇌입니다. 3층은 언어, 사고, 계획성 등 고차원적인 인간의 능력을 담당합니다. 참을성은 이 3층의 역할입니다. 3층이 튼튼하면 2층의 감정과 충동성을 잘 제어하고 조절할 수 있습니다. 반대로 3층이 부실하면 2층의 감정과 충동성을 제어하지 못해 참을성 없는 아이가 되고 맙니다. 즉 참을성을 키운다는 것은 3층, 이성의 뇌 기능을 개발하는 것입니다. 그리고 결국 1, 2층이 튼튼해야 3층도 튼튼해질 수 있습니다. 신체, 감정 등 다른 모든 게 조절이 되지 않는데 참을성만 잘 조절되는 경우는 없습니다. 1, 2, 3층 뇌가 골고루 잘 개발되어야 하는 겁니다.

기본적인 욕구가 충족되었는지 살펴주세요

아프거나 배가 고픈 아이는 참을성이 없습니다. 너무도 당연한 이야기이지만 그래서 오히려 간과하기 쉽습니다. 지금 목이 마르거나 배가 고픈데 학습지를 풀라고 하거나 방을 치우라고 하면 아이가 참고 부모말을 잘 들을 수 있을까요? 아이가 참을성 없이 짜증을 낸다면 가장 먼

저 1층의 뇌, 생존에 필요한 기본적인 요건들이 충족되었는지 살펴보세요. 아이가 너무 피곤한 것은 아닌지, 잠이 모자라는 것은 아닌지, 배가 고프거나 목이 마른 것은 아닌지 등 1층의 뇌가 안녕한지부터 살펴보세요.

감정적 욕구가 충족되었는지 살펴봐주세요

정서적으로 안정이 된 아이가 참을성이 많습니다. 태어나 1년간 엄마와 좋은 관계를 맺은 아이는 대개 정서적으로 안정이 되어 있습니다. 이런 아이는 평생 발달을 지탱할 기초공사를 탄탄하게 해둔 것과 같습니다. 이런 아이는 정서가 안정되어 있어 감정을 조절하는 능력이 좋습니다.

　반면 정서가 불안정한 아이는 감정을 조절하는 능력이 부족합니다. 아이가 참을성이 없다면 평소에도 정서적으로 불안한 것은 아닌지 2층 감정의 뇌를 살펴야 합니다. 만약 감정의 뇌가 튼튼하지 못해 충동적인 아이라면, 참을성을 키우기보다는 먼저 아이를 따뜻하게 감싸주어 안정을 주어야 합니다.

아이의 사고력을 키워주세요

1층과 2층 뇌에 아무 문제가 없는데 참을성이 부족하다면 3층을 잘 개발해야 합니다. 이성과 사고의 힘으로 감정과 충동을 조절해야 하니까요. 어떻게 하면 아이의 이성, 사고력과 참을성을 키울 수 있을까요?

참으면 좋은 일이 생긴다는 경험을 쌓아주세요

참으면 좋은 일이 생긴다는 것을 자꾸 경험하도록 해주세요. 아이는 부모 말만 믿고 먹고 싶은 것을 꾹 참고 기다렸는데 약속한 상을 주지 않는다면 다음에는 참을 이유가 없겠지요. 부모님이 평소에 약속을 잘 지켜주세요.

　앞으로 일어날 일들을 미리 설명해주세요. 갑자기 병원에 데리고 가서 예방주사를 맞히지 마시고 미리 이야기해서 아이가 마음의 준비를 할 수 있게 해주세요. 아이는 설명을 듣고 앞으로 있을 일을 예측하고, 불안을 견디는 연습을 합니다. 아이가 감당할 수 있도록 용기를 주시고 잘 참아냈을 때 크게 칭찬해주세요.

무엇을 참고 있는지 입으로 말하게 하세요

아이는 말을 배우기 시작하면서, 말로 감정을 조절하는 방법을 배웁니다. 아이들은 울먹이면서도 "나 울보 아니에요." 말하며 울음을 삼키곤 하죠. 겁이 나는데도 "나는 용감해요!"라고 큰 소리로 말하며 자신감을 북돋웁니다. 마음속에 있는 생각을 말로 하면 감정이 더 구체화됩니다.

아이가 참기 힘들어하는 여러 상황에서 말로 감정을 다스릴 수 있도록 함께 연습해보세요. "나 동생 안 괴롭혀요." "나는 장난감을 치워요." "나는 밥 먹고 나서 아이스크림 먹을 거예요."처럼 참기 어려운 상황을 말로 표현하도록 이끌어주세요. 말에는 참을성을 자라게 해주는 힘이 있습니다.

우와, 이번엔
색칠을 끝까지
완성했네?
예쁘다~

맨날 조금 칠하다
버리더니만..

히힛~

뿌듯
뿌듯

참을성은 칭찬과 관심을 먹고 큽니다

지루하고 힘든 일을 참는 것이 쉬운 일은 아니지요. 어른도 역시 가만히 앉아서 지루한 공부에 집중하거나, 눈앞에 있는 맛있는 음식을 참으며 다이어트 하는 게 쉽지 않습니다. 이제 성장하기 시작한 아이는 더한 게 당연합니다.

아이가 잘 참을 수 있도록 동기를 부여해주세요. 잘 참았을 때 폭풍 칭찬해주시고, 못 참았을 때도 아이 마음을 공감해주고 격려해주세요. 이번엔 못 참았더라도 다음에는 참아보겠다고 생각할 것입니다.

아이의 뇌가 자라는 동안 함께 기다려주세요

건물 하나 짓는 데도 몇 개월이 걸립니다. 하물며 아이의 뇌가 자라는 데는 더 많은 공이 들어가야 합니다. 특히 3층 뇌는 평생에 걸쳐 개발되고 발달되는 뇌 부위입니다. 특히 참을성을 담당하는 전두엽도 계속 자라야 하는 부위입니다. 하루 만에 건물을 지어 활용할 수 없듯 아이의 뇌가 3층까지 튼실하게 기능하려면 최소 수 년이 걸립니다.

부모가 이랬다저랬다 기분 따라 흔들리면 아이도 참지 못하고 기분 따라 흔들립니다. 아이의 참을성을 키우려면 그 이상으로 부모님의 참을성이 중요합니다. 아이 뇌가 자라는 데 오랜 시간이 걸린다는 점을 염두에 두시고 꾸준히 아이를 가르쳐주세요.

{ 아빠가 더 좋아! }

꼭 먹으면
잠든대니까

쯧쯧..

한때 우린 정말 꼭 붙어 있었는데

휴.. 꼭 엄마가
안고 재워야
잠드네...

세상에서 엄마를
제일 사랑하는 것 같았는데

- 회사 복귀 후

엄마 왔다
엄마랑 놀까?

응?
엄마다!

슥..

싫어~
아빠랑 놀 래야

ㅋㅋㅋ
아빠가
더 좋아?

뭐여...
저 반응은...

서쿨둥이여...

310

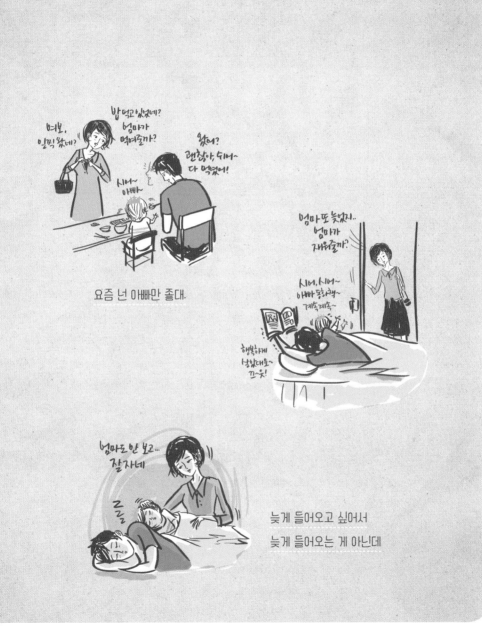

요즘 넌 아빠만 좋대.

늦게 들어오고 싶어서
늦게 들어오는 게 아닌데

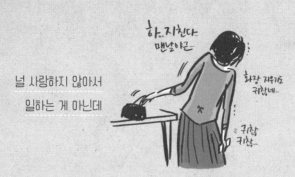

널 사랑하지 않아서
일하는 게 아닌데

서운하기도 하고…

우리 사이 이대로 괜찮은 걸까?

27개월 아이.

저는 워킹맘입니다. 아이와 애착 형성을 하려면

1년은 무조건 같이 있어야 한다고 해서

육아휴직을 1년 하고 복귀를 했는데요.

요즘 들어 아이가 1년을 함께 보낸 저보다 아빠를 더 좋아합니다.

자꾸만 "엄마 싫어." "엄마 저리 가." 라고 하기도 합니다.

사실 제가 야근이 잦아서 퇴근 시간이 일정치가 않아요.

아빠는 매일 같은 시간에 퇴근해서 아이를 재워주거든요.

그것 때문인지 저보다 아빠를 더 찾는 모습에

점점 속상하기도 하고 고민도 되네요. 그리고 어떻게든

엄마가 아이를 재워주는 게 맞는 건지 궁금합니다.

언제부터 혼자 자게 수면교육을 해야 하는지도 궁금하구요.

아이는 자신의 상태를 금방 알아차리는 부모와 애착 관계를 형성합니다.
상태에 변화가 있다는 것을 알았다면 반응을 보여야
부모의 관심과 돌봄을 느낄 수 있습니다.

아이는 늘 가까이 있는 사람과 애착을 형성합니다

애착 관계는 친하고 정이 두터운 관계입니다. 이런 애착 관계가 꼭 아기와 엄마 사이에만 형성되는 것은 아닙니다. 아기와 아빠, 아기와 조부모님 사이에도 형성될 수 있고, 더 자라서는 친구나 배우자와도 이런 애착 관계가 형성될 수 있습니다. 튼튼한 애착 관계를 가진 아이는 정서적으로 안정됩니다. 이런 아이는 더 행복하고 풍부한 인생을 삽니다.

어떻게 하면 돈독하고 튼튼한 애착 관계가 만들어질까요? 친밀한 애착 관계가 형성되기 위해 몇 가지 과정이 필요한데 아이와 부모의 애착 형성도 마찬가지 입니다.

세심하게 살피고 반응을 보이는 것이 처음입니다

상대방이 슬픈지 기쁜지 외로운지 아프지는 않은지 관심을 가지고 세심하게 알아차릴 수 있어야 합니다. 내가 아프고 힘든데 나의 상태에 무심한 사람에게 친밀함을 느끼기는 어렵습니다. 아이도 자신의 상태를 금방 알아차리는 부모와 애착 관계를 형성합니다.

아기가 웃거나 울 때 그것을 세심하게 알아차렸다고 해도 아무런 반응을 보이지 않는다면 아이와 애착 관계를 형성하기 어렵습니다. 상태에 변화가 있다는 것을 알았다면 반응을 보여야 아이는 부모의 관심과 돌봄을 느낄 수 있습니다.

반응의 일관성을 유지하는 게 다음입니다

세심하게 상대방의 상태를 알아차리고 그에 맞는 반응을 보인다 해도 그 반응에 일관성이 없으면 상대의 신뢰를 얻기 어렵습니다. 가끔 일찍 와서 놀아주는 엄마보다 항상 일정한 시간에 와서 재워주는 아빠가 더 가까워지는 것도 바로 이 때문입니다.

아빠와의 애착 관계, 아이 발달에 유리한 점이 많아요

아빠 놀이는 엄마 놀이에 비해 몸을 많이 쓰고 조금 더 과격합니다. 아빠와 놀면서 아이들은 공격성을 조절하고 규칙을 지키는 것을 배웁니다. 아빠와 친한 아이들은 그렇지 않은 아이들에 비해 사회성이 더 좋습니다. 따뜻한 아빠, 잘 놀아주는 아빠의 아이들은 더 잘 큽니다. 그러

니 엄마보다 아빠와 가깝다고 해서 크게 걱정할 필요는 없습니다. 아이는 엄마든 아빠든 애착 관계가 돈독할수록 더 잘 성장하니까요.

혼자 자는 연습, 세 돌 이후가 적당해요

아기는 대략 6개월 정도가 되면 분리불안이 시작됩니다. 미국의 소아정신과 의사들은 분리불안이 생기는 6개월 이전에 아기를 아기 방의 아기 침대에 눕혀 혼자 자도록 훈련을 시키라고 합니다. 그러나 우리나라에서 6개월 이전의 아기를 혼자 재우는 경우는 흔하지 않습니다. 분리불안은 아기가 자신의 눈에 안 보이면 그 대상이 아예 사라져버렸다고 여기기 때문에 생깁니다. 그리고 눈에 안 보여도 다시 돌아온다는 믿음이 생기면서 분리불안이 개선되는데 그 시기가 대략 세 돌 무렵입니다. 이 무렵 이후에 혼자 자는 훈련을 시키면 됩니다.

그런데 이 시기 이후에 혼자 못 잔다면 아이가 특별히 불안이 많은지, 애착 관계 형성이 잘 안 된 것인지, 발달이 늦은 것인지 확인해볼 필요가 있습니다. 반면 아이는 혼자 잘 준비가 되어 있음에도 부모가 불안해서 아이를 곁에 끼고 자는 경우도 많습니다. 정상적인 발달을 하는 아이라면 대략 세 돌이 지나면 혼자 잘 준비가 되니 이 무렵이 지나면 훈련을 시작하는 것도 좋습니다.

끝없는 반복

계단을 보면

그네를 타면

모래를 보면

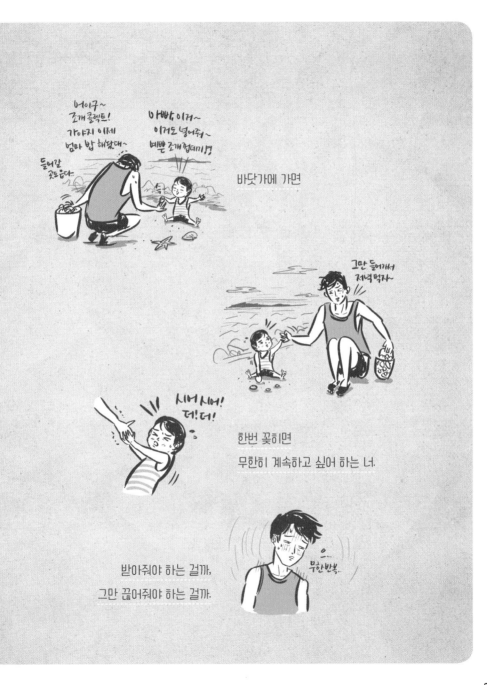

바닷가에 가면

한번 꽂히면
무한히 계속하고 싶어 하는 너.

받아줘야 하는 걸까.
그만 끊어줘야 하는 걸까.

집중하는 건 좋은 거라지만

엄마 아빠는 때론
너의 집중력이 무섭구나.

딸바보가
물었어

36개월 아이.

뭐에 꽂히면 계속 그것만 합니다.

같이 산책을 하다가 계단을 보면

오르락내리락만 40분 넘게 반복해요.

제가 끊고 집에 가자고 하지 않으면 어쩌면 한 시간도 했을 것 같습니다.

그네도 한번 타면 계속 밀어달라고 합니다.

그만하자고 하면 어찌나 서럽게 우는지….

어쩌면 집중해서 좋아하는 걸 기다려줘야 하나 생각도 들어요.

그런데 과한 거 같기도 합니다.

한 시간까지는 참겠는데 그 이상은 어렵더라구요.

부모로서 이런 걸 오히려 받아줘야 하는 건가요?

아이들이 반복하는 것은 새로운 뇌 기능을 습득하는 과정입니다.

아이가 하던 놀이를 충분히 마스터할 때까지 기다려주세요.

그런 다음 천천히 새로운 놀이를 제안해주세요.

아이들은 반복하며 신경계가 발달됩니다

아이들은 많은 것들을 반복합니다. 에스컬레이터를 타고 오르내리기를 반복하고 계단도 오르락내리락 몇 번을 해도 싫증내지 않습니다. 책이 나달나달 닳아 헤질 때까지 같은 책을 반복해서 읽어달라고 하고 같은 노래를 수십 번 불러달라고 합니다. 옆에서 보는 엄마가 먼저 지칠 정도로 아이들은 같은 것들을 하고 또 하고 반복을 합니다. 왜 아이들은 이렇게 단순한 행동들을 무한 반복하는 걸까요?

아이들은 반복을 통해 미숙한 신경계를 발달시킵니다. 갓 태어난 아기는 머리도 혼자 못 가눕니다. 아기는 얼굴이 빨갛게 되도록 열심히 고개를 들려고 하고 혼자 뒤집으려고 하고 일어나 앉으려고 합니다. 갓

걸음마를 배울 때는 수백 번 엉덩방아를 찧으면서도 혼자서 일어나려고 계속 반복을 합니다. 그렇게 계속 반복을 하면서 점차 능숙하게 혼자서 일어나 걷고 뛰게 됩니다. 아이들은 누가 시키지 않아도 스스로 좋아서 반복 또 반복하며 스스로 새로운 기능을 습득합니다.

아이가 충분히 놀도록 놔두세요

아이들의 반복은 그 자체로 뇌 발달의 과정입니다. 그냥 놀게 놔두면 아이들은 스스로 반복하며 새로운 기능을 숙달해갑니다. 놀게 놔두면 아이들은 놀면서 연습을 하는 것이니 그때까지는 그냥 놀게 놔두세요.

새로운 놀이를 소개해주세요

아이가 너무 오랫동안 무한 반복한다면 새로운 놀이를 시도해보세요. 새로운 장난감, 책, 노래, 놀이감 등 다른 놀이를 보여주세요. 다만 이때 새로운 놀이에 흥미를 보이지 않고 하던 놀이를 반복한다면 아이가 하던 놀이를 통해 아직 더 배울 것이 남았다는 뜻입니다. 그럴 때는 무리하게 새로운 놀이를 강요하지 마시고 먼저 하던 놀이를 반복하도록 두

세요. 먼저 놀이를 어느 정도 마스터하고 새로운 기술을 배울 준비가 되었다면 새로운 놀이에 흥미를 보일 것입니다.

위험한 놀이라면 다른 것으로 대체해주세요

뾰족한 것, 깨지기 쉬운 것, 고가의 물품, 높은 곳 등 놀게 놔두기엔 위험한 것들도 많습니다. 아이들은 위험을 가리지 않고 꽂힌 것은 계속 놀려고 합니다. 그럴 때는 무조건 빼앗거나 못하게 하지 마시고 위험하지 않은 비슷한 다른 것을 주어 아이의 주의를 돌려 놀이를 계속할 수 있도록 해주세요.

미리 시간을 약속하세요

외출, 식사, 수면 등 다음 일정이 있어 무한 반복하도록 놔둘 수 없을 때가 있습니다. 그럴 때는 미리 끝내는 시간을 약속해주세요. 시계를 놓고 바늘이 여기 올 때까지만 한다든지. 횟수를 정할 수도 있습니다. 아이가 좋아하는 음악이 나오도록 타이머를 설정해두고 그 음악이 나오면 그만하기로 약속을 할 수 도 있습니다. 이렇게 하면 어른들의 일정도 맞추고 아이도 시간에 맞춰 정리하면서 자제심도 배우게 됩니다.

전문가와 상의해야 하는 경우도 있습니다

몸의 한 부분을 반복해서 움직이거나 자동차를 한 줄로 배열하거나 발뒤꿈치를 들고 걷거나 한자리에서 깡충깡충 뛰는 등의 특이한 행동을 반복하는 경우 틱 장애나 자폐성 장애 같은 병을 의심해볼 수 있습니다. 이런 행동을 반복한다고 해서 모두 틱 장애나 자폐성 장애는 아니지만 구분이 확실하지 않다면 전문가를 만나 상의해보세요.

안아줘도 될까요

다리가 아파서 그런 거니.

낯설어서 그런 거니.

엄마를 자주 못 봐서 그런 거니.

응석받이로 클까 봐.

버릇이 나빠질까 봐.

다 큰 거 같은데..
뱃속에 있던 게..
참..

조금 더 크면
안아달라는 말도 안 할 텐데

이궁..
이뻐라..

즐

마음껏 안아주고 싶은 마음을
참아야 하는 걸까.

아침부터
안고 어린이집
갔더니 온몸이
쑤시는 건가

아..땅 나
팔 저려.

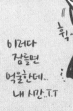

아빠는
언제 오노...

자면서
다리 좀
올리지 마.
확 그냥...

이러다
잠들면
억울한데...
내 시간.ㅜㅜ

힝~

이대로 계속
안아줘도 되는 걸까.

딸바보가
물었어

38개월 아이. 자꾸 업어달라고 안아달라고 합니다.

억지로 유모차를 태우기도 하지만

다리가 아파서 그런 건 아닌 것 같아요.

일하는 엄마라 충분히 붙어 있지 못해서

그런가 하고 저도 최대한 업어주고 안아줍니다.

버스를 타거나 낯선 곳에 가면 늘 제 무릎에 앉아 있고

옆에 의자에 앉지 않아요. 부모님들은 애 버릇 나빠진다고

안아주지 말라지만 애처롭기도 하고

그래서 안아주게 됩니다.

제가 아이 버릇을 나쁘게 만들고 있는 걸까요?

안아달라고 할 때 계속 안아주는 게 좋은 걸까요?

아이가 자라면 자연스럽게
제 발로 부모를 벗어납니다.
안아줄 수 있을 때 마음껏 안아주세요.

아이가 힘이 들어 안아달라고 하는 경우

아이는 감각과 운동신경, 근력이 어른에 비해 미숙하지요. 어른이 보기에는 별거 아닌 운동량이지만 아이에게는 힘든 활동일 수 있습니다. 다리를 다쳐서 목발을 짚고 걷는다 생각해보세요. 평소 같으면 금방 올라갈 계단도 오르기가 벅찹니다. 아이도 이와 같습니다. 신경 발달이 미숙하고 근력이 약한 아이들은 조금만 걸어도 지칠 수 있습니다. 배가 고프거나 전날 잠을 충분히 못 잤다면 더 쉽게 피곤해져요.

외출하기 전에 아이와 엄마의 체력을 생각해서 동선을 정하세요. 짐이 많을 것 같으면 미리 유모차 등 짐이나 아이를 쉽게 옮길 수단을 준비하세요. 이럴 땐 아이를 안거나 업어주는 게 좋습니다. 만약 엄마도 너무 지쳐서 도저히 아이를 안거나 업어줄 수 없다면 조금 쉬었다 가세요. 무리해서 아이를 걷도록 하지 마세요. 한두 번이야 그럴 수 있지만 아이가 지치도록 걷게 하는 일이 반복된다면 아이는 몸도 힘들고 도와주지 않는 부모 때문에 마음의 상처를 입게 됩니다.

부모의 사랑을 확인하고 싶은 경우

아이들은 표현하지 않으면 사랑하는지 알기 어렵습니다. 아이들을 위해 영양가 있는 식사를 준비하고 깨끗이 세탁한 옷을 입히고 포근한 이불을 준비하는 부모의 마음은 다 사랑입니다. 그러나 아이들은 그것만으로 사랑을 느끼지 못합니다. 부모가 안아주고 예쁘다고 말해주고 쳐다보고 웃어주면 그제서야 아이들은 부모가 자신을 사랑한다고 느낍니다. 수시로 부모에게 안기고 싶은 아이는 그만큼 부모의 사랑을 더 많이 확인하고 싶은 아이입니다. 사랑한다면 마음껏 안아주세요. 껌딱지 아이를 떼어내고 싶다면 야단치지 말고 더 많이 안아주세요. 사랑을 채운 아이는 제 발로 부모를 벗어나 즐겁게 지낼 것입니다.

낯설고 두려운 것일 수도 있어요

낯설고 새로운 환경이나 사람을 접하면 누구나 불안하고 긴장이 됩니다. 그때 옆에 가까운 사람이 손이라도 잡아주면 조금 안심이 됩니다. 아이들에게 세상은 늘 새롭고 낯설기만 합니다. 이웃집 아저씨도 처음 보는 강아지도 시끄러운 쇼핑몰도 어린아이들에게는 낯설고 두려운

존재들입니다. 아이가 두렵고 낯설어하면 아이를 품 안에 꼭 안아주세요. 두려워서 안겨 있다 해도 아이들은 눈을 감지 않습니다. 몸은 엄마 품에 있지만 고개를 빼꼼 들어 세상을 보지요. 엄마 품에 안겨서 한결 쉽게 낯선 것들에 익숙해지고 점차 낯선 환경에도 적응하는 힘을 키워가는 겁니다. 아이가 두려워한다면 망설이지 말고 안아주세요.

아이를 자꾸 안아주면 버릇이 되어 고치기 어려울까요? 정상적인 발달을 하는 아동이라면 초등학교 등굣길에 안아달라고 하지 않습니다. 안아주려고 해도 부끄럽다며 질색을 합니다. 안아줄 수 있는 시기는 눈 깜짝할 사이에 지나가버리고 맙니다. 안아줄 수 있을 때 마음껏 안아주세요.

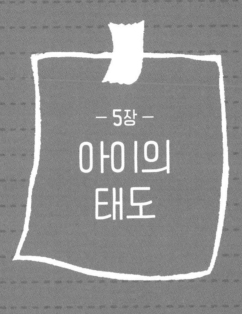

- 5장 -

아이의
태도

〔 마음 약해지게 〕

왜 혼날 걸 알면서도
서랍에서 옷을 끄집어낼까.

화낼지 안 낼지
시험하고 있는 걸까.

왜 조용조용 말하면
멈추지 않고

딸바보가
물었어

36개월 딸.

훈육 중에 울면서 자꾸 안기려고 해요.

그러면 저도 그냥 받아주게 되고

그다음에 또 같은 잘못을 하고…

이래도 되는지 모르겠어요.

태도는 태도대로 다루어주되,

곧바로 지시 사항으로 돌아가야 합니다.

그래야 물건을 던져 반항을 해도, 애교를 부리며 부모에게 안겨도

결국 부모의 지시를 따라야 한다는 것을 배울 수 있습니다.

부모의 권위가 서고 앞으로도 제대로 훈육할 수 있어요.

태도와 지시 사항은 구분해야 합니다

부모는 아이가 원하는 대로 놔둘 수도 없고 놔두어서도 안 됩니다. 아이가 하고 싶은 대로 둔다면 아이는 책은 뒷전으로 하고 하루 종일 만화만 보려고 할 것입니다. 밥 대신 과자만 먹으려 할 거고요. 아이가 바르고 건강하게 자라도록 부모는 아이가 원하는 것을 제지해야 하기도 하고, 하기 싫은 일을 억지로 시켜야 하기도 합니다. 이 역시 훈육입니다.

부모의 의도야 어떻든 훈육 과정에서 해라, 하지 마라 같은 부모의

요구는 아이 입장에서 모두 듣기 싫은 잔소리입니다. 아이는 울고불고 떼를 쓰며 훈육 자체에 반항하기도 하고, 안기고 애교를 부리며 훈육을 무력화시키려 시도합니다.

이제 그만 놀고 장난감 정리를 하라고 했더니 아이가 물건을 집어던집니다. 엄마는 기가 막혀 아이의 태도를 크게 혼냅니다. "어디 엄마가 말하는데 물건을 집어던져? 어디서 배워먹은 버릇이야?" 화난 엄마의 모습에 아이는 울면서 잘못했다고 용서를 빕니다. 혼내서 아이를 울린 엄마는 마음이 약해져서 우는 아이를 달랜 뒤 맛있는 것을 먹으러 갑니다. 엄마와 아이 사이에 다시 평화가 찾아왔습니다.

그러나 이 장면에는 큰 문제가 있습니다. 엄마의 훈육에 무엇이 문제였을까요? 엄마는 아이의 태도를 문제 삼아 혼을 냈지만 정작 장난감 정리 문제는 그냥 넘어간 것입니다. 아이는 물건을 집어던져서 혼이 나기는 했지만 하기 싫은 일은 안 해도 되게 되었습니다. 다음에도 엄마가 하기 싫은 일을 시킬 때 물건을 집어던지면 그 일을 안 해도 될 가능성이 있다는 것을 배웠습니다. 이 집의 평화가 오래 가지 못할 것이 불보듯 뻔한 일입니다.

훈육 도중 아이가 부모 품을 파고들고, 애교를 떠는 것도 앞의 사례와 같은 예입니다. 부모가 훈육에 집중하지 못하도록 주의를 분산시키는 겁니다. 이때 부모는 한 번 하라고 했거나 하지 말라고 지시한 것을 끝까지 기억하고 관철시키는 것이 좋습니다.

태도는 태도대로 다루되, 곧바로 지시 사항으로 돌아가야 합니다. 그래야 물건을 던져 반항을 해도, 애교를 부리며 부모에게 안겨도 결국 부모의 지시를 따라야 한다는 것을 배울 수 있습니다. 부모의 권위가 서고 앞으로도 제대로 훈육할 수 있습니다.

자기 행동에 책임을 져야 한다는 걸 알려주세요

돌 무렵 서랍을 어지르는 것은 훈육할 일이 아니지만 36개월쯤 되면 말이 통하고 규칙을 배워나갈 시기이니 마음 약해지더라도 아이를 위해 훈육이 필요합니다. 아이가 서랍을 어지르고 있다면 엄격한 목소리로 그만하라고 지시해야 합니다. 나아가 아이에게 서랍 정리를 시켜서 자신의 행동에 대해 책임을 져야 한다는 것을 가르쳐야 합니다.

"엄마 저 사랑하지요?" 아이가 물으면 "그래 엄마는 널 사랑해." 하고 대답해서 사랑을 확인해주세요. 물론 안아주거나 활짝 웃는 식의 반응은 훈육 중에는 어울리지 않겠지요. 무표정으로 덤덤하게 대답하는 것으로 '엄마에게 사랑받지 못하면 어쩌나…' 하는 아이의 불안감을 해소해주면 충분합니다. 엄격해야 한다는 생각에 "시끄러!" 하고 아이 말을 묵살하거나, "아니, 널 사랑하지 않아." 같은 진실이 아닌 말은 하지 않아도 됩니다. 그리고 서랍을 가리키며 "이렇게 어지럽히면 좋아? 나빠?" 하고 물어서 올바른 행동이 아니었다는 것을 스스로 생각할 수 있게 합니다. "누가 이렇게 어지럽혔니?" 하고 물어서 옳지 않은 행동을 '내'가 했다는 것을 생각할 수 있게 해줍니다. 그런 뒤에 "어지럽힌 사람이 치워야지?" 해서 자신의 행동에 책임을 지도록 하세요.

잘 정리하지 못해도 일단 사고를 친 사람이 수습을 해야 한다는 걸 알려주는 게 중요합니다.

　이 과정에서도 자꾸 엄마에게 안겨 애교를 부리며 훈육을 무력화시키려 들 수 있습니다. 엄마는 사랑은 확인해주지만 집요할 정도로 원래 지시한 사항에 대해 분명하게 마무리해야 합니다. 이를 통해 아이는 엄마 말은 꼭 들어야 한다는 것을 학습하게 되고 점차 엄마 말을 더 잘 듣게 됩니다.

일관성을 유지하시고 훈육은 반드시 필요한 일임을 기억하세요

훈육 중에 아이에게 자꾸 마음이 약해지는 까닭 중 하나는 부모님 마음이 '훈육이 부모 편하자고 하는 것이 아닐까?' 싶어 불안한 것도 있습니다. 아이에게 자유를 빼앗고 행동을 제한하는 게 부모로서도 어려운 일이지요. 하지만 훈육은 부모를 위한 게 아닙니다. 다른 사람들 사이에서 규칙을 지키고, 하기 싫은 일도 꾹 참고 해나가는 인내심처럼 사회에 적응할 때 반드시 필요한 능력들은 훈육을 통해 배울 수 있습니다. 그런데 훈육을 안 한다면 아이는 자기밖에 모르고, 참을성 없이 자랄 것입니다. 그러니 부모는 아이를 위해서라도 반드시 훈육이 필요하다는 확신을 가져야 합니다. 흔들리지 마시고 대신 일관성은 꼭 유지해주세요.

아이의 태도를 바로잡아주려면

1. 아이의 양 어깨 바로 아랫부분 팔을 부드럽지만 확실하게 잡으며 중저음으로 "엄마 쳐다봐." 라고 말합니다. (팔꿈치 아래 팔이나 손목, 손을 잡으면 아이가 저항을 할 경우 아이 팔이 빠진다든지 다칠 수가 있으니 주의하세요.)
2. 아이와 눈을 맞추고, 덤덤한 표정으로 엄하게 아이가 해야 할 일을 또박또박 말해주세요. "어지럽힌 거 치우세요." 처럼요.
3. 아이가 안기려고 하면 아이의 양팔을 잡은 손에 힘을 주어 아이와 거리를 유지하며 "치우고 나면 안아줄 거야. 이제 치우세요." 라고 말해주세요.
4. 아이가 치우고 나면 그때 안아주며 "잘 치웠어요. 다음에는 서랍 속 옷들은 엄마 허락을 받고 꺼내세요." 라고 말해주세요.

유치원에 가기 싫어요

등원하기 싫다는 널
뭐라 할 수 있을까,

나도 출근하기 싫은데.

선생님이 무섭다는 널
뭐라 할 수 있을까,

나도 상사가 어려운데.

친구가 없다는
널 뭐라 할 수 있을까,

나도 동료와
그리 친하지 않은데.

그럴지만 그냥 싫어서가 아닐까 봐.

정말 문제가 있어서일까 봐.

현실은 원래 어려운 거라고
견디고 적응하게 해줘야 할지.

그냥 어린이집
1년만 더
보낼 걸 그랬나 봐...고

힘들어하는 애긴
이유가 있을 텐데.
나도 내일
유치원 가볼까.

내가 회사를
그만...둬야 하나

정말
왜그러지...

후...

아..아니야
여보.

도저히 참기 어렵다면

새롭게 시작하게 해줘야 할지….

딸바보가
물었어

43개월이긴 한데 한국 나이로 5세가 되어서 유치원에 보냈는데

아침마다 유치원에 가기 싫다고 한참 실랑이를 해요.

어린이집에 갈 때도 아침마다 가기 싫다고 울긴 했어요.

그래도 그때는 많이 어리기도 하고 워킹맘이라

저와 시간을 많이 보내지 못하니까 헤어지기 싫어서 그런 줄 알았고,

또 시간이 지나니 잘 다니더라구요. 유치원 선생님께 물어보면 친구랑

잘 놀고 선생님 말도 잘 듣고 생활을 정말 잘한다고 합니다.

혹시 해서 유치원에 가보면 또 별일 없어 보이고

친구 엄마한테 뭐 들은 게 있냐고 물어봐도 잘 지내는 것처럼 보인다고 해요.

그런데 저에겐 계속 유치원에 가기 싫다. 친구가 없다.

선생님이 무섭다고 합니다. 그냥 자기가 피곤하고 가기 싫어서 거짓말을 늘어놓는 걸까요?

아이 응석을 다 받아주지 말고 씩씩하게 다닐 수 있도록 지도해야 하는 것 같아서

계속 보내고 있는데 제가 매몰찬 엄마같이 느껴지기도 해요.

저 어떻게 해야 하는 걸까요?

아이가 어린이집이나 유치원에 가기 싫다고 하는

이유부터 먼저 파악해보세요.

그리고 아이의 적응력이 자랄 수 있도록 도와주세요.

유치원에 가는 것 보다 엄마와 집에서 노는 것이 더 좋은 아이

모든 유치원 활동이 싫은 것은 아니지만 특정 시간이 싫을 수도 있지요. 예를 들어 체육 활동이나 미술, 영어 시간 등 특정 시간의 활동이 싫어서 유치원보다 집에서 놀고 싶어 할 수 있습니다. 그 외에 유치원에 자신을 놀리거나, 장난감을 가지고 서로 양보를 못하고 싸우는 등, 마찰이 있는 친구가 있는 경우, 편식이 심하거나, 입맛이 까다롭거나 혹은 유치원 식사가 부실하거나 하는 등의 이유로 유치원에서 밥 먹는 시간이 싫은 경우, 아침잠이 많아서 아침에 일어나 유치원에 가는 것이 싫은 경우, 유치원 선생님의 훈육 방법이 아이에게 낯설고 무섭게 느껴지는 경우 모두 유치원에 가기 싫다고 할 수 있습니다.

보상을 원하거나 기질상의 원인으로 유치원에 가기 싫은 아이

엄마가 유치원을 다녀오면 평소에 못 먹게 하던 아이스크림이나 초콜릿을 주겠다고 약속을 하거나 게임을 더 하도록 해주겠다고 약속을 하면 아이는 이런 보상을 원해서 습관적으로 유치원에 가기 싫다고 할 수 있습니다.

그 외에 소극적인 아이, 분리불안이 있는 아이, 부끄러움이나 수줍음이 많은 아이, 발달이 늦은 아이, 주의력결핍과잉행동장애 등의 특별한 어려움이 있는 아이, 까다로운 기질의 아이도 유치원 적응이 어려울 수 있습니다. 유치원에 보내는 것이 불안한 부모, 과잉보호하는 부모 역시 아이의 유치원 적응을 어렵게 할 수 있습니다.

원인에 따라 유치원에 보내는 처방이 다 달라야 합니다. 그런데 어떤 이유든 가장 중요한 것은 아이가 유치원에 즐겁게 가도록 하는 것입니다. 구체적인 방법을 알아볼까요?

규칙적인 등원을 하도록 해주세요

아이가 평일에는 당연히 유치원을 가야 하는 것으로 알도록 해주세요. 부모님의 일정이나 기분에 따라 유치원을 보냈다 말다 하면 아이가 유치원에 적응하는 게 더 힘들어집니다. 아이가 아침에 일어나서 유치원 도착하기까지 반복되는 일정한 루틴을 만들어주세요. 좋아하는 인형이나 애완동물에게 인사를 하거나, 좋아하는 양말을 골라 신거나 하는 등의 간단하지만 일정한 루틴은 아이의 불안을 줄여줍니다.

즐거운 등원길이 되도록 해주세요

아이가 유치원에 가기 위해 준비하는 과정을 칭찬해주세요. 유치원 가는 길에 아이가 좋아하는 유치원 활동 시간이나 하원하고 집에 와서 같이 할 아이가 좋아하는 놀이에 대해 이야기를 나누세요. 경험과 즐거운 기분을 반복적으로 연결시키면 경험 자체를 즐겁게 기억합니다. 유치원 등원 길을 즐겁게 해주면 등원에 대해 좋은 기억을 가지게 되어 다음 등원이 조금 더 쉬어집니다. 일종의 기대감을 높이는 방법입니다.

아이가 유치원에서 하는 활동을 자세하게 파악해두세요

유치원 시간표와 식단 등에 대해 파악해두세요. 아이가 좋아하는 활동, 싫어하는 시간, 식사 시간, 같은 반 아이들의 성향 등을 파악해두면 아이의 어려움을 빨리 알아차리고 도와줄 수 있습니다. 필요하면 선생님과 상의해서 아이에 대한 정보를 나누고 아이가 유치원에서 잘 적응할 수 있도록 도움을 청하세요. 정보를 바탕으로 "오늘은 점심시간에 ○○ 먹어서 맛있었겠다." "○○에게 네 장난감을 양보했다며? 양보하기 싫었을 텐데 잘 양보했네." 등 유치원 생활의 즐거움이나 어려움을 나누는 이야기를 건네주세요. 이런 대화들이 아이의 유치원 적응을 도와줍니다.

때로는 유치원을 쉬거나 바꾸는 것도 방법입니다

이런 방법들을 한 달 정도 해보시고 그래도 계속 유치원에 가기 싫어한다면 유치원을 쉬었다 보내거나 옮겨주는 것도 좋습니다. 부모님은 아이가 유치원이나 어린이집을 안 가겠다고 해서 안 보내면 나중에 학교든 직장이든 어려울 때마다 포기해버리는 사람이 되지 않을까 걱정합니다. 그러나 미리 걱정하실 필요는 없습니다. 어릴 때는 부모가 나서서 문제를 해결해주지만 클수록 아이는 점차 자신이 문제를 해결할 수 있게 됩니다. 갓난아기는 추위, 더위, 배고픔 등 어떤 것도 스스로 해결하지 못합니다. 모두 부모가 나서서 아기에 맞는 환경을 만들어줘야 합니다. 그러나 아이가 자랄수록 스스로 환경을 조절하거나 적응하는 방법을 익혀갑니다. 초등학교 입학 전의 어린 아이라면 환경을 바꾸어 아이의 적응을 돕는 것도 괜찮습니다. 부모의 사랑과 관심을 듬뿍 받으며 아이는 자랍니다. 아이의 적응력도 자랍니다.

할머니가 만만해

이거 먹어봐
할머니가 만들었어~
먹고 놀아야지!

시어~
맛없어~
안 먹어!
할머니
가!가!

네가 하자는 대로 다 해준다고
만만하게 대하는 거 아니야.

이제 할머니한테
버릇없게!! 응?!

배부른가
보지뭐...

너에게 화낼 줄 모른다고
편하게 성질부리는 거 아니야.

이거 안 와?
확정말!!

할무니~

네가 어떤 모습이든 널 사랑한다고
못난 모습을 마구 보여주는 거 아니야.

너에게 그렇게 해줄 사람은
이 세상에 없을 거야.

그러니까
소중히 대해드려야 해.

세상에서 한 분뿐인
너의 할머니이니까.

48개월 남자아이.

워킹맘이라 외할머니가 아이를 키워주십니다.

언젠가부터 아이가 할머니를 너무 만만하게 생각해요.

저에겐 존댓말을 쓰고 말도 잘 듣는데 할머니에게는

계속 말대꾸를 하고 소리도 지릅니다.

가끔 할머니 등을 철썩 때리기도 하구요.

너무 깜짝 놀라서 아이를 붙잡고 한참 훈육을 했어요.

그런데 그것도 잠깐뿐 제가 안 보는 곳에서는

점점 더 할머니에게 막 대한다고 하더라고요.

사실 제가 엄격하게 해도 할머니는 "애들이 다 그렇지 뭐."

하면서 오히려 제 훈육을 말려왔어요.

이게 그 결과인가 싶어요.

어른에게 버릇없이 구는 우리 아이, 어떻게 가르쳐야 할까요?

나에게는 안 그랬는데 내 아이에게는 왜 저렇게 하시지?

부모님이 내 아이를 봐줄 때 흔히 생겨나는 의문입니다.

아이와 조부모님과의 관계를 바로잡으려면

조부모의 변화에 대해 이해하는 것이 먼저입니다.

할머니, 할아버지는 더 쉽게 행복을 느낍니다

노인이 되면 피부의 탄력이 떨어지고 윤기도 사라집니다. 근육은 줄고 지방이 늘어서 체형마저 아래로 처집니다. 치아도 시원치 않고 여기저기 아픈 곳도 많습니다. 그럼에도 노인들은 나이 때문에 생긴 이런 변화들로 불행하다고 느끼지 않습니다. 노인심리 연구 결과들은 나이가 들수록 쉽게 행복해진다는 것을 보여줍니다. 손주들의 재롱을 보면서 훨씬 더 기쁘고 행복할 수 있는 거지요. 나 어릴 때는 저렇게 좋아하지 않으셨던 부모님이 이제 나이가 들어 내 아이를 보고 더 깊이 기뻐할 수 있는 이유입니다. 자신을 보고 이렇게 기뻐하고 행복해하는 조부모님의 사랑이 아이에게 긍정적으로 작용합니다.

할머니 할아버지의 너그러움이 완충제 역할을 합니다

경험이 없는 초보 부모들은 아이의 사소한 변화에도 온갖 걱정을 하면서 당황합니다. 그러나 경험이 많은 노인들은 웬만한 일은 '그럴 수 있지.' 하고 넘어갑니다. "애들은 다 그런 거야, 너는 더 했어."라는 부모님의 말씀은 빈 말이 아닙니다. 더 심한 일도 겪으셨고 지나고 나면 아무것도 아니라는 것을 체험으로 아신지라 아이의 웬만한 일탈에는 눈 하나 깜짝하지 않으십니다. 그러다 보니 부모가 보기에 도가 지나치다 싶을 정도로 할아버지, 할머니는 아이에게 너그럽게 대할 수 있습니다. 부모가 걱정이 많아 아이에게 지나치게 엄격하다면 할아버지, 할머니의 너그러움이 아이를 잘 자라도록 완충제 역할을 할 수 있습니다.

이렇게 조부모님의 행복함, 사랑, 너그러움이 아이 발달에 좋은 영양제가 될 수 있습니다. 다만 꼭 기억해야 할 것은 아이를 책임지는 사람은 부모라는 것입니다. 부모는 아이가 성장해서 독립할 때까지 중심을 잡아서 아이와 조부모님이 다 따라올 수 있도록 해야 합니다.

아이에게 하지 않아야 할 것을 알려주세요

할머니에게 예의 바르게 행동하면 바로 칭찬을 해주시고 버릇없는 행동을 하면 그냥 넘어가지 말고 주의를 주세요. 버릇없는 행동이나 말대꾸라는 표현은 너무 막연해서 아이나 할머니가 혼란스러울 수 있습니다. '할머니를 때리면 안 된다' '물건을 던지면 안 된다' '할머니에게 소리를 지르면 안 된다' 등 할머니에게 해서는 안 되는 말이나 행동을 구체적으로 정하고 할머니와 아이 모두에게 약속을 받으세요. 글로 써서 함께 읽도록 하는 것도 좋은 방법입니다. 하루 종일 약속을 지켰다면 반드시 폭풍 칭찬을 해주세요. 약속을 못 지켰다고 해도 전날보다 강도와 빈도가 약해졌다면 그 점을 콕 집어 칭찬해주는 것도 좋습니다. 아이의 행동이 하루 만에 달라지지 않을 겁니다. 그래도 포기하지 말고 반복적으로 가르치면 분명 아이의 행동이 조금씩 달라질 것입니다.

큰 소리로 울어 젖히는 아이

미역을 건져내는 걸
못 하게 했을 뿐인데

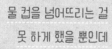

물 컵을 넘어뜨리는 걸
못 하게 했을 뿐인데

벽지에 낙서하는 걸
못 하게 했을 뿐인데

노란색 매니큐어를
못 먹게 했을 뿐인데

막으면
소리치기 시작하고

팔을 잡으면
더 발버둥거리고

이름을 부르면 더 크게 악을 쓰고
가만히 두면 30분을 울어버리는 너

녹초가 된 너를 보면
엄마의 마음은 너무 아파.

만 3세가 되면
훈육해도 된다고 하는데

훈육하려고만 하면
악을 쓰는 널 어떻게 해야 할까.

딸바보가
물었어

36개월 남자아이.

만3세가 되면 훈육을 해도 된다고 하는데,

훈육은 아직 시작도 못 했어요.

무슨 말도 못 하게 악을 쓰고 울어버리거든요.

팔을 잡으면 더 발버둥치고 엄하게 이름을 부르면

더 크게 악을 악을 쓰면서 웁니다.

두고 봤더니 30분을 내리 울더니 녹초가 되어버렸어요.

훈육할 것 같으면 악을 쓰고 기절할 것처럼 우는 아이

어떻게 해야 할까요?

아이가 막무가내로 울 땐 일단 아이를 채근하지 말고
"울음 그치고 이야기하자."라고 말하고 기다려주세요.
울음이 그친 다음 감정 표현을 할 수 있도록 해주고,
혼내야 할 일이 있다면 정확하게 짚어주세요.

아이의 울음은 대화입니다

갓난아기는 화가 나도 울고, 몸이 아파도 울고, 관심을 받고 싶을 때도 웁니다. 이유는 달라도 온갖 불쾌한 감정이 들 때는 단 하나, 울음으로 표현합니다. 그러던 아기가 점차 울음을 참는 방법을 익힙니다. 그 과정에 언어가 중요하지요.

두 돌 무렵이 되면 울고 싶을 때도 '뚝', '안 울어' 등 언어를 사용해 감정을 조절합니다. 세 돌 무렵이 되면 스스로 감정을 조절하는 능력이 아이의 자존감에도 영향을 미칩니다. 스스로를 "나는 울보야."라고 평가하는 아이는 우는 자신에 익숙할 뿐 아니라 자존감도 낮습니다. 반대로 "나는 잘 참는 아이예요."라고 스스로를 지칭하는 아이는 울먹이면서도 울지 않으려 애를 씁니다. 참으려 애쓰는 아이에게 칭찬과 관심을 주면 아이는 더욱 감정을 조절하려 노력하고, 그런 자신의 모습을 자랑스럽게 여기며 자존감이 높아집니다.

　잘 우는 아이가 참을성을 키울 수 있도록 도와주고, 감정을 말로 표현할 수 있도록 도와주는 것, 그래서 자존감 높은 아이로 자라도록 하는 것이 어른의 역할입니다. 아이가 감정을 잘 조절할 수 있도록 하려면, 우는 이유에 따라 부모의 대처 방법을 달리 해볼 수 있습니다.

아이가 속이 상해 울 때는 이렇게 해보세요

아이가 하고 싶어 하는 걸 못 하게 하거나, 하기 싫은 걸 시켰더니 속이 상해 울 때는 "○○이 속이 상해서 우는구나~" "화가 나서 우는구나~" 공감해주고 안아주세요. 때로 아이가 감정이 격해져 악을 쓰고 울 때는 아이에게 감정을 가라앉힐 시간을 주세요.

자꾸 "그만 울어!" "왜 울어!" 하고 채근하지 말고 차분히 기다려주세요. 아이도 자신의 감정을 다스릴 수 없어 당황스럽고 어렵습니다. "울음 그치고 이야기하자. 다 울면 '다 울었어요~'라고 엄마에게 말해줘." 이야기하고 기다려주세요.

아이 앞에서 기다려줘도 되고, 필요하면 아이 혼자 울도록 잠깐 비켜주어도 좋습니다. 아이의 울음이 잦아들면 그때 차분히 말로 감정을 표현하도록 도와주면서 이야기를 나눠보세요.

아이가 회피용으로 울 때는 이렇게 해보세요

아이가 잘못해서 혼나야 하는 상황이나 하기 싫은 것을 회피하기 위해 울 때입니다. 울어서 혼날 일이나 하기 싫은 일을 피한 적이 있다면, 아이는 매번 울음으로 그 상황을 피하려고 할 것입니다. 아무리 울어도 혼날 일은 혼이 나야 하고, 하기 싫은 일을 피할 수 없다는 것을 깨달아야 울음으로 그 상황에서 도피하려 하지 않습니다.

아이가 상황을 피하게 위해 운다면 차분하고 간결하게 "다 울고 이야

기하자."라고 말하세요. 그리고 아이의 울음을 무시하세요. 아이가 울음을 그치면 그때 다시 혼낼 일은 혼내고, 시키려던 걸 마저 시키세요. 아무리 울어도 피할 수 없다는 걸 알면 회피용 울음은 점차 줄어들게 됩니다.

문제 해결을 위해 울 때는 이렇게 해보세요

아이가 문제 해결을 위해 우는 경우가 있습니다. 가지고 싶은 장난감을 사달라고 떼쓰며 울고, 아이스크림을 사달라고 우는 등 자신의 요구를 관철하기 위해 우는 경우입니다. 마트나 놀이동산 같은 사람 많은 곳에서 아이가 강하게 떼를 쓰고 울면, 부모로서는 주위 사람 시선에 못 이겨 한두 번 아이 요청을 들어주게 됩니다. 그런 경험이 쌓이면 아이는 다음부터 원하는 것이 있을 때마다 웁니다.

　한 번 안 된다고 한 것을 운다고 들어주면 아이의 울음 습관을 키우는 것이 됩니다. 한 번 안 된다고 했으면 끝까지 들어주지 마세요. 울어도 소용이 없다는 것을 확실히 알아야 아이가 문제 해결을 위해 우는 것을 멈추게 됩니다.

아이가 울 때 이런 반응은 보이지 마세요

아이가 운다고 덩달아 흥분해 소리 지르고 화를 내면 안 됩니다. 아이가 부모의 기세에 눌려 한 번은 울음을 그치고 고분고분 말을 들을지 모르지만 다음번에는 부모가 했듯이 더 크게 소리 지르고 화를 내며 울게 됩니다. 훈육이 필요하다면 차분하면서도 엄하게 말로 가르치세요. 부모는 아무리 화가 나도 말로 차분히 감정을 표현할 수 있다는 걸 몸소 가르쳐주세요.

평소에 울 상황을 줄여주세요

아이가 비슷한 상황에서 같은 저지레를 반복해서 혼이 난다면 혼날 일을 줄여주세요. 예를 들어 낙서를 좋아하는 아이라면 벽에 빈 종이를 붙여, 마음껏 낙서할 수 있도록 환경을 바꿔줄 수 있습니다. 당분간 유리컵 대신 플라스틱컵만 사용함으로써 아이가 마음껏 컵 쓰러트리기 놀이를 할 수도 있습니다. 마트나 놀이동산에 갔을 때 아이가 무언가 사달라고 떼쓸 것이 예측된다면 미리 구입할 수 있는 범위에 대해 아이와 약속해두는 것도 좋습니다. "솜사탕이랑 초콜릿 둘 중에 하나만

살 수 있어. 뭐가 가장 먹고 싶은지 생각해보고 엄마한테 말해줘."라고 아이에게 스스로 정하도록 하면 무턱대고 떼를 쓸 확률이 줄어듭니다. 만약 둘 다 사달라고 슬쩍 떼를 쓰더라도, 미리 약속한 상황을 상기시켜주면 울음이 훨씬 짧아집니다.

　이처럼 혼이 날 만한 상황을 예측해서 예방을 해둔다면 아이가 울 일이 줄어들게 됩니다. 부모의 현명한 조치가 잘 우는 아이를 자존감 강한 행복한 아이로 만들 수 있습니다.

왜 어지르기만 하는 거니

"네."라고 대답해놓고도

치울 때가 되면

이 핑계 저 핑계를 대지.

놀기 전의 마음과
놀고 난 후의 마음이 달라지는 너

도와줘도 보고

혼내도 보고

가르쳐도 봐도 달라지는 건 없고

아이는 다 이런 건지.
날 닮아 이런 건지.

딸바보가
물었어

42개월 여자아이.

지금껏 장난감은 부모가 후딱후딱 치웠어요.

이제 슬슬 정리를 시켜보는데 정리하기 싫은지

매일 갖가지 핑계를 댑니다. 때로는 으름장을 놓기도 하고 때론

"같이 치우자." 하고 도와줍니다.

그래도 거의 부모가 치우게 되죠.

이 나이가 되면 아이에게 정리를 가르쳐야 하지 않나요?

나중에 알아서 하게 될까요? 어떻게 가르치는 게 좋을까요?

아이가 스스로 정리할 수 있는 환경부터 만들어주세요.

물건의 제자리를 정해주고, 아이 눈높이에서 블록 박스,

자동차 박스처럼 범주화해주세요.

아이가 정리할 수 있는 환경부터 만들어주세요

"우리 아이가 정리정돈을 못해요." "너무 어지르기만 해요." 이런 하소연을 하는 부모님이 많습니다. 그럴 때 저는 종종 아이 방을 사진 찍어 오시라고 요청합니다. 부모님이 찍어온 사진들을 보면 어른이 정리하기에도 벅찰 정도로 너무 많은 물건들이 아이의 방을 가득 채우고 있는 경우가 꽤 있습니다. 장난감, 책, 옷, 가방, 문구류, 미술용품 등으로 가득한 방에서 "너무 많아서 치울 수가 없어요."라고 하는 아이의 말은 아이 수준에 딱 맞는 솔직한 호소인 셈입니다. 아이가 정리정돈을 할 수 있는 환경부터 만들어주세요.

정리의 시작은 버리는 것입니다

나이에 안 맞는 책이나 장난감, 망가지거나 부속품이 없어져서 못 쓰는 장난감, 너무 더러워진 장난감, 다 쓴 스케치북이나 물감 같은 것들은 버려주세요. 버리는 과정에 아이를 참여시키세요. 아이는 아직 버려야 하는 물건과, 더 사용할 수 있는 물건을 구별을 못 할 수 있습니다. 때로는 엄마가 보기에 버려야 할 것이지만 아이에게는 소중한 것일 수도 있습니다. 어떤 물건을 버려야 할지 아이와 함께 결정하면, 아이의 의사를 존중하면서도 아이에게 버릴 것을 구별하는 방법을 가르칠 수 있습니다.

물건의 제자리를 정해주세요

블록이나 레고, 보드게임, 미술 도구와 필기류, 작품, 탈 것, 인형 등으로 장난감을 분류해주세요. 각 분류에 따라 박스, 서랍, 수납함 등을 지정해주세요. 그런 다음 그림이나 글씨로 라벨을 만들어 붙여주세요.

아이가 한눈에 보아도 정해진 자리를 알 수 있도록 해준 다음 제자리에 넣는 것을 연습시키세요. 어른들에게는 너무 쉬워 보이지만 어린 아이들에게는 이 분류 자체가 어려울 수 있습니다. 예를 들어 네모 모양의 특이한 필기구를 블록이 담긴 박스에 넣을 수도 있습니다. 아이가 장난감을 분류해서 제자리에 잘 넣을 수 있도록 익숙해질 때까지 도와주세요. 물건을 분류해 제자리에 넣는 연습을 통해, 범주화에 대한 뇌 발달도 이뤄집니다.

정리가 즐거운 시간이 되도록 해주세요

정리하는 시간에 늘 엄마에게 혼이 나는 아이는 정리의 즐거움을 알 수 없습니다. 조금이라도 아이가 스스로 정리를 하면 칭찬을 해서 아이를 으쓱하게 해주세요. "자동차만 모아서 이 파란 통에 담아." 같은 식으로 치우는 작업을 아이가 감당할 수 있는 정도로 작게 나눠 지시하세요. 아이는 많은 장난감 중에 자동차라는 범주를 구분해내는 연습도 하면서 '스스로 해냈다' '혼자서 할 수 있다'는 자기효능감을 키울 수 있습니다. 엄마에게 칭찬을 받으니 정리하는 시간이 즐거울 것이고 자신감, 범주화 인지 능력도 함께 키울 수 있습니다.

부모가 제자리에 정리하는 걸 보여주세요

어른들이 평소에 물건을 쓰고 나서 제자리에 정리하는 것을 보여주세요. 아이에게 물건들은 각각 제자리가 있다는 것을 알려주세요.

사용하고 나서 제자리에 두지 않으면 집안은 이곳저곳이 곧 잡동사니들로 어질러지게 됩니다. 그런 환경에서 자라는 아이라면 장난감을 가지고 놀고 난 후에 제자리에 두지 않겠지요. 아이에게만 놀고 나서 장난감을 치우라 하지 마시고 부모님이 먼저 제자리에 두는 모범을 보여주세요.

아이에게 시간을 주세요

어른에 비해 아이들의 인지 능력은 많이 미성숙합니다. 이만큼의 레고가 들어가려면 얼마나 큰 정리함이 필요한지 가늠할 공간지각력도 미숙합니다. 공 따로 자동차 따로 구분할 범주화 능력도 시간과 함께 자라납니다. 무조건 치우라 하면 아이는 어쩔 줄 모릅니다. 아이의 수준에 맞게 지시하고 아이가 스스로 해낼 때까지 기다려주세요.

어린 아이일수록 부모가 정리하는 것이 더 빠르고 깔끔하겠지요. 그러나 아이 때 잠깐을 기다려주지 못하면, 평생 아이의 뒤를 따라다니며 부모가 정리를 해줘야 할 수도 있습니다. 아이에게 정리할 기회를 주고 기다려주세요.

{ 세상 모든 것이 내 꺼야 }

어린이집에 다녀와도

키즈카페에 다녀와도

친구 집에 다녀와도

"내 거야."라는 말은 잘하면서

어디까지가 내 거인지는 모르지.

이제는 알 때도 되었는데
왜 나아지지 않는 걸까.

얼마나 더 이야기해줘야
알게 되는 걸까.

딸바보가
물었어

48개월 남자아이.

아이가 어린이집이나 친구 집, 키즈카페에서

남의 물건을 가지고 와요. 더 어렸을 때부터 그래서

발견할 때마다 큰 장난감은 돌려주러 가기도 하고,

혼내기도 하고, 남의 물건을 가지고 오는 게 도둑이라고,

경찰 아저씨가 잡아간다고 이야기해도

혼날 때만 잘못했다고 울고불고,

여전히 한두 달에 한 번은 물건을 가지고 와요.

어떻게 가르쳐야 남의 물건을 안 가져 올까요?

어린 아이들은 내 것, 남의 것을 구별하지 못해서

물건을 가져오고는 합니다.

아이가 나쁜 의도로 물건을 가지고 온 것은 아니지만,

그냥 두면 커가며 더 큰 문제를 야기할 수 있습니다.

아이가 물건을 그냥 들고왔다면 곧바로 확실하게 개입해서

나쁜 버릇이 되지 않도록 가르쳐야 합니다.

그냥 들고오는 행동이 잘못됐다는 걸 확실하게 짚어주세요

유치원이나 친구 집에 갔다가 남의 물건을 가지고 왔다면 그냥 넘어가지 말고 같이 가서 물건을 되돌려주고 잘못했다고 용서를 구하도록 하세요. 이 과정에서 부모님이 지나치게 화를 내거나 아이를 도둑이라 비난하고 처벌하면 아이는 과도한 죄책감에 빠지거나, 다음에는 정말 마음먹고 물건을 훔칠 수도 있습니다.

차분하고 확실한 태도로 아이를 대하며 물건을 그냥 가지고 오면 안된다는 것을 가르쳐야 합니다. "남의 물건은 허락 없이 가져오면 안 돼. 주인에게 돌려주고 잘못했다고 용서를 구해야 해." 단호하게 말하세요. 그리고 함께 주인에게 가서 물건을 돌려주고 용서를 구하도록 도와주세요.

마음의 허전함을 달래고 관심 받기 위해서일 수도 있어요

사랑과 관심이 부족한 아이들의 경우, 물건을 훔침으로써 마음의 결핍을 달래는 경우가 있습니다. 정서적 결핍과 불안을 해소하는 방안으로 물건을 훔친 아이라면 측은한 마음이 들 수도 있습니다. 그렇다고 아이의 나쁜 행동까지 이해한다는 식으로 유야무야 넘어가면 안 됩니다. 만약 그냥 넘어가게 되면 아이는 다음에도 속이 상할 때는 나쁜 행동을 해도 좋다는 잘못된 생각을 가질 수 있습니다.

아이의 마음을 다독이되 훔친 행동에 대해서는 끝까지 책임을 지도

록 해주세요. 아이와 함께 물건의 주인을 찾아가세요. 아이가 훔친 물건을 주인에게 돌려주고 사과를 하도록 해주세요. 그리고 아이의 용기 있는 행동을 칭찬해주세요.

평소 아이에게 관심과 애정을 주시고 자주 칭찬을 해서 다음에 다시 훔치는 행동을 하지 않도록 예방해주세요.

물건을 훔친 결과를 생각하는 힘을 길러주세요

나이가 어려서 내 것, 남의 것을 구별하지 못한다면 그것부터 알려주세요. 이 세상에는 내 것과 남의 것이 있는데 남의 것을 허락 없이 가져오면 안 된다는 것을 가르쳐주어야 합니다. 아이는 대략 초등학교 입학 전에 나의 물건과 남의 물건을 구별할 수 있게 되고, 남의 물건을 허락 없이 가져오는 것이 나쁜 행동이라는 것을 알게 됩니다. 그럼에도 아이들은 물건을 훔쳐서 발생하는 여러 가지 일들에 대해 충분히 생각하지 못해 충동적으로 물건을 훔칠 수 있습니다.

물건을 훔치면 어떤 일이 생길까요? 물건을 잃은 아이는 속이 상하겠지요. 물건을 훔친 자신은 부모님과 선생님에게 혼이 납니다. 주변 아이들에게 알려지면 도둑으로 낙인 찍혀서 이후에 물건이 없어질 때마다 제일 먼저 의심을 받게 되는 억울한 상황이 생길 수도 있습니다.

아이와 충분한 대화를 나누세요. 자신의 행동이 어떤 결과를 낳을지 생각할 수 있도록 같이 대화를 나누어 예측하는 능력을 길러주세요. 이런 능력은 아이의 충동성을 줄이고 자제심을 키워줍니다. 생각의 힘으로 훔치고 싶은 충동을 이겨나가게 됩니다.

정당한 방법으로 원하는 물건을 얻는 방법을 가르쳐주세요

아이가 간절하게 갖고 싶은 물건이 있는데 가질 수 있는 방법을 모른다면 아이는 훔치는 것도 하나의 방법이라고 생각할 수 있습니다. 원하는 물건을 가질 수 있는 방법들을 가르쳐주세요. 초등학교에 들어갈 무렵이 되어 나의 것, 남의 것을 구별할 수 있고 돈에 대한 개념이 생긴다면 원하는 물건을 얻는 방법을 가르쳐주세요.

돈을 주고 살 수도 있고, 물물교환을 할 수도 있습니다. 생일이나 어

린이날에 부모로부터 선물로 받을 수도 있겠지요. 아이가 돈이나 선물을 받을 기회 등을 이용해서 원하는 물건을 얻도록 계획하고 실행하도록 도와주세요. 예를 들어 비싸지 않은 작은 것들은 아이가 용돈을 모아 살 수 있도록 해주세요. 아이는 정당한 방법으로 원하는 물건을 갖는 방법을 배우면서 참을성과 계획하는 능력 등을 키울 수 있습니다.

도덕은 부모에게 배웁니다

부모가 남에게 볼펜을 잠시 빌려 사용한 뒤 그냥 자신의 주머니에 넣는 것처럼, 사소한 물건이라도 남의 물건을 허락 없이 가지는 것을 본다면 아이들 역시 훔치는 것을 대수롭지 않게 여기게 됩니다. 작은 물건이라도 부모가 먼저 남의 물건을 확실하게 돌려주는 모습을 보여주세요.

떨바보가
그랬어
아이를잘
키운다는것

1판 1쇄 발행 2019년 6월 28일
1판 4쇄 발행 2021년 12월 20일

지은이 김진형, 이현주, 신동원(감수)

발행인 양원석
편집장 최두은
디자인 designgroup ALL
영업마케팅 양정길, 강효경
펴낸 곳 ㈜알에이치코리아
주소 서울시 금천구 가산디지털 2로 53, 20층 (가산동 , 한라시그마밸리)

편집문의 02-6443-8844 **도서문의** 02-6443-8800
홈페이지 http://rhk.co.kr
등록 2004년 1월 15일 제2-3726호
ISBN 978-89-255-6696-2 （13590)